TSCHRIFT FÜR MIKROELEKTRONIK · COMPUTERTECHNIK INFORMATIK

# MP

Heft 3 · 1989

Mikroprozessortechnik

VEB Verlag Technik Berlin

ISSN 0232-2892

## Grafik mit dem A 7100/7150

Neuer Kurs **FORTH**

# dBase III

## Referenzkarte

### Notation

< > Teile, die in den dBASE-Kommandos vom Nutzer zu ersetzen sind.
[ ] Teile, die wahlweise angegeben werden können.
| Alternative
{...} wahlweise Wiederholung des davor stehenden Begriffs.
SCHLÜSSELWÖRTER von dBASE-Kommandos werden in großen Buchstaben gedruckt.

### Kommandos

**?** [<ausdr_liste>]
Übergang zur nächsten Zeile (cr, lf) und Ausgabe einer Folge von Ausdrücken auf dem Bildschirm

**??**<ausdr_liste>
Ausgabe einer Folge von Ausdrücken auf dem Bildschirm, ohne vorherigen Zeilenwechsel (cr, lf)

**@** <zeile>,<spalte> [**SAY** <ausdr> [**PICTURE** <klausel>]]
[[**GET** <var> [**PICTURE** <klausel>]]
[**RANGE** <ausdr>[,<ausdr>]]]

**@**<zeile>,<spalte> **CLEAR**
Ausgabe des berechneten Wertes auf dem Bildschirm ab der angegebenen Zeile und Spalte. Anforderung eines Wertes für die Variable nach GET. <klausel> enthält Formatfunktionen und -zeichen. RANGE definiert einen Gültigkeitsbereich für numerische und Datumswerte.

---

**ACCEPT** [<prompt>] **TO** <speichervar>
Eingabe einer Zeichenkette von der Tastatur.

**APPEND** [**BLANK**] Anfügen eines Datensatzes an das Ende des aktiven Datenbankfiles.

**APPEND FROM** <filename> [**FOR|WHILE** <bedingung>][**SDF|DELIMITED** [**WITH BLANK** |<zeichen>]]
Anfügen eines Datenbankfiles oder eines Textfiles (SDF) an das Ende des aktiven Datenbankfiles.

**ASSIST** Menügesteuerte Programmierunterstützung.

**AVERAGE** <ausdr_liste> [<gb>] [**FOR|WHILE** <bedingung>] [**TO** <speichervar_liste>] Berechnung des arithmetischen Mittels.

---

**BROWSE** [**FIELDS** <feldliste>] Schnellkorrektur im Direktmodus (full screen mode).

---

**CANCEL** Abbruch der Programmausführung und Rückkehr zur Kommandoebene von dBASE.

**CHANGE** [<gb>] [**FIELDS** <feldliste>] [**FOR|WHILE** <bedingung>]
Ändern der Inhalte der angegebenen Felder.

**CLEAR** Löschen des Bildschirms.

**CLEAR ALL** Abschließen aller in Benutzung befindlichen Files (Datenbank-, Index-, Formatfiles usw.), Freigabe aller Speichervariablen und Auswahl des Arbeitsbereichs 1.

**CLEAR GETS** Deaktivieren der aktiven @ ... GET-Kommandos.

**CLEAR MEMORY** Löschen aller Speichervariablen.

**CLOSE** [**ALTERNATE|DATABASES|FORMAT|INDEX|PROCEDURE**]
Abschließen der ausgewählten Files.

**CONTINUE** Positionierung des Dateizeigers nach LOCATE.

**COPY FILE** <quell_filename> **TO** <ziel_filename>
Kopieren beliebiger Files.

**COPY TO** <filename> [<gb>] [**FIELDS** <feldliste>] [**FOR|WHILE** <bedingung>]
[**SDF|DELIMITED** [**WITH BLANK**|<zeichen>]]
Kopieren des aktiven Datenbankfiles in ein anderes Datenbank- oder Textfile.

**COPY STRUCTURE EXTENDED TO** <filename>
Die Struktur des aktiven Datenbankfiles wird zum Inhalt des Datenbankfiles.

**COPY STRUCTURE TO** <filename> [**FIELDS** <feldliste>]
Es wird ein neues Datenbankfile erstellt, mit der Struktur des aktiven Datenbankfiles und null Sätzen.

**COUNT** [<gb>] [**FOR|WHILE** <bedingung>] [**TO** <speichervar>]
Anzahl der Datensätze.

**CREATE** <filename> [**FROM** <strukturfile>] Erzeugen eines Datenbankfiles (.dbf).

**CREATE LABEL** <filename> Erzeugen eines Formatfiles für Briefadressen (.lbl).

**CREATE REPORT** <filename> Erzeugen eines Formatfiles für Bericht (.frm).

---

**DELETE** [<gb>] [**FOR|WHILE** <bedingung>]
Löschmarkierung für Datensätze setzen.

**DIR** [<gerät>:] [<pfad>\] [<filegruppe>] Anzeige der ausgewählten Files.

**DISPLAY** [<gb>] [<ausdr_liste>] [**FOR|WHILE** <bedingung>] [**OFF**] [**TO PRINT**]
Anzeige der ausgewählten Felder.

**DISPLAY MEMORY** [**TO PRINT**] Anzeige der gültigen Speicherplatzvariablen.

**DISPLAY STATUS** [**TO PRINT**] Anzeige des Status.

**DISPLAY STRUCTURE** [**TO PRINT**] Anzeige der Struktur des aktiven Datenbankfiles.

**DO** <filename> [**WITH** <parameter_liste>]
Aufruf eines Kommandofiles oder einer Prozedur.

**DO CASE**
**CASE** <bedingung> <kommandofolge>
{[**CASE** <bedingung> <kommandofolge>] ... }
[**OTHERWISE** <kommandofolge>]

**ENDCASE** Strukturierte Anweisung in einem Kommandofile zur Übergabe der Programmsteuerung an den ersten Fall, dessen Bedingung erfüllt ist (TRUE liefert).

**DO WHILE** <bedingung>
[<kommandofolge>]
[**LOOP|EXIT**]
[<kommandofolge>]

---

**ENDDO** Strukturierte Anweisung in einem Kommandofile zur zyklischen Abarbeitung der Kommandofolge, solange eine Bedingung erfüllt ist.

**EDIT** [[**RECORD**] <n>] Editieren des Datensatzes n im Direktmodus.

**EJECT** Seitenvorschub auf dem Drucker.

**ERASE** <filename> Löschen des angegebenen Files.

**EXIT** Unbedingtes Verlassen eines DO-Zyklus und Fortsetzung mit dem auf die DO-Anweisung folgenden Kommando.

---

**FIND** <string_ausdr> Voraussetzung: Die aktive Datenbank ist mit einem Indexfile in Benutzung. Dann bewirkt FIND die Positionierung des Dateizeigers auf den ersten Datensatz, für den Indexschlüssel und Zeichenkette gleich sind.

---

[**GO|GOTO**] **BOTTOM|TOP**|<ausdr> Positionieren des Dateizeigers.

---

**HELP** [<schlüsselwort>]

---

**IF** <bedingung>
<kommandofolge_1>
[**ELSE**
<kommandofolge 2>]
**ENDIF**

**INDEX ON** <ausdr> **TO** <filename> Indizieren der aktiven Datenbank nach dem angegebenen Ausdruck. Es entsteht ein Indexfile (.ndx-File).

**INPUT** [<prompt>] **TO** <speichervar> Sequentielle Eingabe von der Tastatur und Zuweisung des eingegebenen Wertes an die Speichervariable.

**INSERT** [**BLANK**] [**BEFORE**] Einfügen eines Datensatzes nach oder vor (BEFORE) dem Datensatz, auf den der Dateizeiger zeigt.

---

**JOIN WITH** <alias> **TO** <filename> **FOR** <bedingung> [**FIELDS** <feldliste>]
Vereinigen angegebener Felder von zwei Datenbanken.

---

**LABEL FORM** <filename> [**SAMPLE**] [<gb>] [**FOR|WHILE** <bedingung>] [**TO PRINT**]
[**TO FILE** <filename>] Ausgabe von Briefadressen.

**LIST** [**OFF**] [<gb>] [**FOR|WHILE** <bedingung>] [<ausdr_liste>] [**TO PRINT**]
Ausgabe der berechneten Werte der Feldliste.

**LIST MEMORY** [**TO PRINT**] Anzeige der gültigen Speichervariablen.

**LIST STATUS** [**TO PRINT**]
Anzeige des Zustandes der aktiven Datenbankfiles einschließlich Indexfiles, Alternate-Files und Systemparametern.

**LIST STRUCTURE** [**TO PRINT**] Anzeige der Struktur des aktiven Datenbankfiles.

**LOCATE** [<gb>] **FOR** <bedingung>
Positionieren des Dateizeigers auf den ersten Datensatz der Datenbank, der die Bedingung erfüllt.

**LOOP** Bewirkt innerhalb einer DO-WHILE-Anweisung die Übergabe der Programmsteuerung an den Anfang dieser DO-WHILE-Anweisung.

---

**MODIFY COMMAND** <filename> Aufruf des angeschlossenen Textprozessors zur Erstellung von Kommandofiles, i. allg. Textfiles, im Direktmodus.

**MODIFY LABEL** <filename>

**MODIFY REPORT** <filename>

**MODIFY STRUCTURE** Editieren eines Formatfiles oder der Struktur.

---

**NOTE**|* <text> Kommentare in einem Kommandofile mit Makroersetzung.

---

**PACK** Physisches Löschen aller Datensätze, die als gestrichen markiert sind.

**PARAMETERS** <parliste> Spezifizieren der Parameter einer Prozedur.

**Private** [**ALL** [**LIKE|EXCEPT** <gruppenbezeichnung>]] [<speichervar_liste>]
Beschränken der Sichtbarkeit von Speichervariablen.

**PROCEDURE** <name> Definition einer Prozedur.

**PUBLIC** <speichervar_liste>
Erweitern des Sichtbarkeitsbereiches der aufgeführten Speichervariablen.

---

**QUIT** Abschließen aller eröffneten Files und Verlassen von dBASE.

---

**READ** Aktivieren des GET-Teils aller seit dem letzten READ bzw. dem Start von dBASE abgearbeiteten @ ... GET-Kommandos und Setzen des Kursors auf den Eingabebereich des ersten GET-Kommandos.

**RECALL** [<gb>] [**FOR|WHILE** <bedingung>]
Streichen der Löschmarkierung von Datensätzen.

**REINDEX** Aktualisieren aller aktiven Indexfiles.

**RELEASE** [<speichervar>] [ALL [LIKE|EXCEPT <gruppenbezeichnung>]]
Streichen von Speichervariablen.

**RENAME** <alter_filename> **TO** <neuer_filename> Umbenennen eines Files.

**REPLACE** [<gb>] <$feld_1$> **WITH** <$ausdr_1$>
[,<$feld_2$> **WITH** <$ausdr_2$>, ...] [FOR|**WHILE** <bedingung>]
Ersetzen von Feldinhalten.

**REPORT FORM** <filename> [<gb>] [**FOR** <bedingung>] [**PLAIN**] [**HEADING** <zeichenkette>] [**NOEJECT**] [**TO PRINT**] [**TO FILE** <filename>]
Ausgabe eines Berichts.

**RESTORE FROM** <filename> [**ADDITIVE**]
Laden von Speichervariablen vom File (.mem).

**RETURN** [**TO MASTER**] Rückgabe der Programmsteuerung an das aufrufende Kommandofile des höchsten Niveaus (TO MASTER).

**RUN** <kommando> Aufruf eines Kommandos aus der Umgebung von dBASE.

---

**SAVE TO** <filename> [**ALL LIKE|EXCEPT** <gruppenbezeichnung>]
Speichern aller ausgewählten Speichervariablen in ein File (.mem).

**SEEK** <ausdr> Positionieren des Satzzeigers auf den ersten Datensatz, dessen Index gleich dem Wert des Ausdrucks ist.

**SELECT** <arbeitsbereich>|<alias> Auswahl eines Arbeitsbereichs.

**SET** Auswahl der Optionen von dBASE im Direktmodus.

**SET ALTERNATE TO** [<filename>] Definition eines Alternate-Files, in welches alle sequentiell auf dem Bildschirm erscheinenden Ausgaben abgelegt werden können.

**SET ALTERNATE ON|OFF** An- und Abschalten der Ausgabe in das Alternate-File.

**SET BELL ON|OFF** An- und Abschalten eines Signals, welches bei der Eingabe des letzten Zeichens eines Feldes ertönt.

**SET CARRY ON|OFF** Übernahme (ON) der Daten des letzten Datensatzes in einen durch APPEND oder INSERT hinzugefügten Datensatz.

**SET COLOR TO** <std_display>[,<erw_display>] [<begrenzung>]
Auswahl der Anzeigearten und Farben auf dem Bildschirm.

**SET CONFIRM ON|OFF** Kursorsprung zum nächsten Eingabefeld.

**SET CONSOLE ON|OFF** Ausgabe auf den Bildschirm.

**SET DEBUG ON|OFF** Die Ausgabe von SET ECHO wird auf dem Drucker ausgegeben (ON).

**SET DECIMALS TO** <n> Festlegen der Mindestanzahl an Dezimalstellen numerischer Werte für die Ausgabe (vgl. SET FIXED).

**SET DEFAULT TO** <gerät> Standardgerät für den Zugriff auf Datenfiles.

**SET DELETED ON|OFF** Datensätze, die als gelöscht markiert sind, werden in die nachfolgenden Operationen einbezogen (OFF).

**SET DELIMITER TO** <zeichenkette>

Zeitschrift für Mikroelektronik · Computertechnik · Informatik
3. Jahrgang · ISSN 0232–2892

Mikroprozessortechnik, Heft 3 · 89

**Herausgeber** Kammer der Technik, Fachverband Elektrotechnik

**Verlag** VEB Verlag Technik, Oranienburger Str. 13/14, DDR – 1020 Berlin; Telegrammadresse: Technikverlag Berlin; Telefon: 28700, Telex: 011 2228 techn dd

**Verlagsdirektor** Klaus Hieronimus

**Redaktion** Hans Weiß, Verantwortlicher Redakteur (Tel. 2870371); Redakteure: Herbert Hemke, Hans-Joachim Hill (Tel. 2870203); Sekretariat Tel. 2870381

**Gestaltung** Christina Bauer

**Titel** Christina Bauer

**Beirat** Dr. Ludwig Claßen, Dr. Heinz Florin, Prof. Dr. sc. Rolf Giesecke, Joachim Hahne, Prof. Dr. sc. Dieter Hammer, Prof. Dr. sc. Thomas Horn, Prof. Dr. Albert Jugel, Prof. Dr. Bernd Junghans, Dr. Dietmar Keller, Prof. Dr. sc. Gernot Meyer, Prof. Dr. sc. Bernd-Georg Münzer, Prof. Dr. sc. Peter Neubert, Prof. Dr. sc. Rudolf Arthur Pose, Prof. Dr. sc. Dr. Michael Roth (Vorsitzender), Dr. Gerhard Schulze, Prof. Dr. sc. Manfred Seifart, Dr. Dieter Simon, Dr. Rolf Wätzig, Prof. Dr. sc. Dr. Jürgen Zaremba

**Lizenz-Nr.** 1710 des Presseamtes beim Vorsitzenden des Ministerrates der Deutschen Demokratischen Republik

**Gesamtherstellung** Druckerei Märkische Volksstimme Potsdam

**Erfüllungsort und Gerichtsstand** Berlin-Mitte. Der Verlag behält sich alle Rechte an den von ihm veröffentlichten Aufsätzen und Abbildungen, auch das der Übersetzung in fremde Sprachen, vor. Auszüge, Referate und Besprechungen sind nur mit voller Quellenangabe zulässig.

**Redaktionsschluß:** 10. Januar 1989

**AN (EDV)** 49837

**Erscheinungsweise** monatlich 1 Heft

**Heftpreis** 5,– M, Abonnementspreis vierteljährlich 15,– M; Auslandspreise sind den Zeitschriftenkatalogen des Außenhandelsbetriebes BUCHEXPORT zu entnehmen.

**Bezugsmöglichkeiten**
*DDR:* sämtliche Postämter; *SVR Albanien:* Direktorije Quendrore e Perhapjes dhe Propagandiitit te Librit Rruga Konference e Pezes, Tirana; *VR Bulgarien:* Direkzia R.E.P., 11a, Rue Paris, Sofia; *VR China:* China National Publications Import and Export Corporation, West Europe Department, P.O. Box 88, Beijing; *ČSSR:* PNS – Ustředni Expedícia a Dovoz Tísku Praha, Slezská 11, 120 00 Praha 2, PNS, Ústredna Expedicia a Dovoz Tlače, Pošta 022, 885 47 Bratislava; *SFR Jugoslawien:* Jugoslovenska Knjiga, Terazije 27, Beograd; Izdavačko Knjižarsko Produzeće MLADOST, Ilica 30, Zagreb; *Koreanische DVR:* CHULPANMUL Korea Publications Export & Import Corporation, Pyongyang; *Republik Kuba:* Empresa de Comercio Exterior de Publicaciones, O'Reilly No. 407, Ciudad Habana; *VR Polen:* C.K.P.i.W. Ruch, Towarowa 28, 00-958 Warszawa; *SR Rumänien:* D.E.P. Bucureşti, Piaţa Scînteii, Bucureşti; *UdSSR:* Sämtliche Abteilungen von Sojuzpečat' oder Postämter und Postkontore; *Ungarische VR:* P.K.H.I., Külföldi Elöfizetési Osztály, P.O. Box 16, 1426 Budapest; *SR Vietnam:* XUNHASABA, 32, Hai Ba Trung, Há Nôi; *BRD und Berlin (West):* ESKABE Kommissions-Grossobuchhandlung, Postfach 36, 8222 Ruhpolding/Obb.; Helios-Literatur-Vertriebs-GmbH, Eichborndamm 141–167, Berlin (West) 52; Kunst und Wissen Erich Bieber OHG, Postfach 46, 7000 Stuttgart 1; Gebrüder Petermann, BUCH + ZEITUNG INTERNATIONAL, Kurfürstenstraße 111, Berlin (West) 30; *Österreich:* Helios-Literatur-Vertriebs-GmbH & Co. KG, Industriestraße B 13, 2345 Brunn am Gebirge; *Schweiz:* Verlagsauslieferung Wissenschaft der Freihofer AG, Weinbergstr. 109, 8033 Zürich; *Alle anderen Länder:* örtlicher Fachbuchhandel; BUCHEXPORT Volkseigener Außenhandelsbetrieb der Deutschen Demokratischen Republik, Postfach 160, DDR – 7010 Leipzig und Leipzig Book Service, Talstraße 29, DDR – 7010 Leipzig

Zum Thema Grafik mit den A 7100/7150 finden Sie auf der **Seite 67** den Beitrag „A 7100-Grafik". Er befaßt sich mit der Anwendung des SCP-GX und der KGS-Steuerfolgen in verschiedenen Programmiersprachen. Die Beiträge „Grafikbibliotheken für A 7100/7150" und „Grafikprogrammierung mit SCP-GX" auf den **Seiten 70** und **71** beschreiben eine Grafikvariante für den A 7100/A 7150 und geben Anregungen, wie die Leistungen des SCP-GX erweitert werden können.

Der dritte Teil unserer Beitragsfolge „Werkzeuge zur hardwarenahen Programmierung in höheren Programmiersprachen auf 8-Bit-Computern" auf der **Seite 75** trägt den Titel „Automatische Generierung von BASIC-INLINE-POKEs". Damit soll u. a. die Nutzung der dynamischen (Assembler-)Unterprogrammtechnik in Basic-80 erleichtert werden.

```
Problemlösung--->I--------------------------------------
                 I                  Anwenderprogramme
Bediener-        I
Interface------->I-------------------------
                 I  Kommandoprozessor    >
Dienst-          I ( = Textinterpreter)  >
programme------->I------------------------------
                 I Colon-     I          I usw.  >
Standard-        I Compiler   I Editor   I usf.  >
Oberfläche------>I-----------------------------------
                 I    FORTH-Betriebssystem           >
Virtuelle        I                                   >
Maschine-------->I--------------------------------------
                 I     Maschinencode-Programme
                 I           (Primitive)
            ///////////////////////////////////////////
                              Gesamtheit der Hardware
```

In diesem Heft beginnen wir auf der **Seite 79** mit dem Kurs „Einführung in Forth-83". Der erste Teil beinhaltet eine Einführung und die Erläuterung des Kernwortschatzes.

**Vorschau**
Für das Heft 4/1989 haben wir für Sie unter anderem Beiträge zu folgenden Themen vorbereitet:
- Supercomputer
- Dual-Port-RAM
- Laufzeitfehlerbehandlung
- Environment-Support für Turbo-Pascal
- dBase III Plus (mit Referenzkarte)

# Inhalt

## Neuer Fachausschuß „Minicomputersysteme“ gebildet

Auf der Vorstandssitzung der Wissenschaftlichen Sektion (WS) *Computer- und Mikroprozessortechnik* im Fachverband Elektrotechnik der Kammer der Technik am 14.12.1988 wurde in Berlin ein neuer Fachausschuß (FA) für Minicomputersysteme gegründet.
Die Gründung des neuen FA zeugt von der gewachsenen Bedeutung des Einsatzes von Klein- und Mikrorechnern des Systems der Kleinrechentechnik (SKR) der sozialistischen Länder, deren Einsatz gegenwärtig alle Bereiche der Volkswirtschaft der DDR umfaßt. Ausgehend vom Einsatz der ersten 16-Bit-SKR-Anlagen vor 10 Jahren hat sich gegenwärtig der Bestand an SKR-Anlagen aus Importen und Eigenproduktion des VEB Kombinat Robotron auf über 1000 Anlagen erhöht. Charakteristisch für die gegenwärtige Phase ist die Einführung von 32-Bit-SKR-Anlagen des Typs K1840 und die Weiterentwicklung von 16- und 32-Bit-SKR-Anlagen zu Mikroprozessorsystemen (Elektronika-85, Elektronika MS 0104 usw.).
Ausgehend von der großen volkswirtschaftlichen Bedeutung der Minicomputertechnik besteht ein enorm hoher Bedarf am Austausch wissenschaftlich-technischer Informationen zu Einsatzvorbereitung, Nutzung, Betrieb und Weiterentwicklung der Hard- und Software der SKR-Anlagen. Bisher wurde der Erfahrungsaustausch im Rahmen der Kooperationsgemeinschaft SM3/SM4 in der DDR erfolgreich organisiert. Unter Ausschöpfung aller Möglichkeiten der Kammer der Technik stellt sich der neue FA vor allem das Ziel, in breiterem Umfang unter Berücksichtigung der Koexistenz von 16-Bit- und 32-Bit-Technik den Erfahrungsaustausch auf einem noch höheren Niveau zu organisieren. Im einzelnen stellt sich der neue FA folgende Aufgaben:
- Erfahrungsaustausch über Einsatzvorbereitung, Nutzung und Betrieb von Minicomputersystemen
- Erfahrungsaustausch über die Weiterentwicklung der Hard- und Software der Minicomputersysteme
- aktive Einflußnahme auf die Weiterentwicklung und künftige Gestaltung von Minicomputersystemen
- Organisation, Abstimmung und Koordinierung der Weiterbildungsveranstaltungen zur Minicomputertechnik
- Organisation des internationalen Erfahrungsaustausches.

Mit der Leitung der Vorstände des neuen Fachausschusses und der neuen – im folgenden genannten – Fachunterausschüsse wurde als Vorsitzender des Fachausschusses „Minicomputersysteme“ Prof. Dr. sc. techn. Thomas Horn, Informatikzentrum des Hochschulwesens an der Technischen Universität Dresden, Informatik-Rechenzentrum, beauftragt.

*FUA „Architektur von Minicomputersystemen“*
In diesem FUA werden generelle Fragen der Architektur von 16- und 32-Bit-Minicomputersystemen und ihrer Weiterentwicklung behandelt und ein entsprechender Erfahrungsaustausch organisiert.
Vorsitzender ist *Prof. Dr. sc. techn. Dieter Jungmann*, Informatikzentrum des Hochschulwesens an der Technischen Universität Dresden, Wissenschaftsbereich Rechnersysteme.

*FUA „Systemsoftware 16-Bit-Technik“*
Schwerpunkt dieses FUA ist die Organisation des Erfahrungsaustausches zur Standardsoftware für die 16-Bit-Technik, wie Betriebssysteme MOOS-1600, OS-RW, FOBOS, RAFOS, Grafiksoftware, Datenbanksysteme, Programmiersprachen und Netzsoftware.
Vorsitzender ist *Dr.-Ing. Mario Geisler*, Ingenieurhochschule Mittweida, ORZ.

*FUA „Systemsoftware 32-Bit-Technik“*
Schwerpunkt des FUA ist die Organisation des Erfahrungsaustausches zur Standardsoftware für die 32-Bit-Technik, wie Betriebssysteme SVP-1800, MUTOS-1800, Grafiksoftware, Datenbanksysteme, Programmiersprachen und Netzsoftware.
Vorsitzender ist *Dr.-Ing. Dietmar Gollnick*, Leitzentrum für Anwendungsforschung des VEB Kombinat Datenverarbeitung.

*FUA „Applikation von Minicomputersystemen“*
Auf Grund vieler Parallelen soll in diesem FUA nicht zwischen der 16- und 32-Bit-Technik unterschieden werden, obwohl in bestimmten Einsatzgebieten die 16- oder 32-Bit-Technik dominieren wird. Ziel dieses FUA ist die Organisation des Erfahrungsaustausches über die Anwendungssoftware.
Vorsitzender ist *Doz. Dr. sc. techn. Günter Bock*, Technische Hochschule Wismar, Sektion TdM.

*Prof. Dr. Thomas Horn*

## Industriecomputer aus dem EAB

Die ersten der für 1988 geplanten 60 Industriecomputer ICA 700 aus dem VEB Elektroprojekt und Anlagenbau Berlin (EAB) wurden im Oktober 1988 an das Schwermaschinenbaukombinat „Ernst Thälmann“ Magdeburg und das Werkzeugmaschinenkombinat „Fritz Heckert“ Karl-Marx-Stadt ausgeliefert. Der Minister für Elektrotechnik und Elektronik, Felix Meier, sprach bei einem Besuch im Stammbetrieb des Kombinates Automatisierungsanlagenbau mit Herstellern des neuen Erzeugnisses. Jörg Bartsch, Meister im Kollektiv „Karl Marx“, informierte, daß dieser ICA künftig das Haupterzeugnis des Betriebes ist. Er verwies auf die enge Zusammenarbeit zwischen den Kollegen des Musterbaus und seinem Kollektiv in der stationären Fertigung. Das helfe, so der Meister, zügig voranzukommen und 1989 400 der 16-Bit-Computer zu produzieren.
Bei der Umprofilierung des Kombinates durch erhöhten Einsatz der Mikroelektronik sollen verbesserte Arbeitsbedingungen die Werktätigen für weiteren Produktivitätsgewinn mobilisieren. Zu den neuen Anforderungen gehört die eigene Herstellung von mikroelektronischen Baugruppen und Leiterplatten in großen Stückzahlen. Ziel der Werktätigen ist es, 1990 rund 400000 Baugruppen zu produzieren und ein Leiterplattenwerk in Betrieb zu nehmen. Etwa 600 Arbeitskräfte sind dafür nötig, die zum großen Teil durch Rationalisierung im Kombinat gewonnen werden. *ADN*

## Leiterplatten für Kleinbetriebe nach Kundenwunsch

Der Ingenieurbetrieb für die Anwendung der Mikroelektronik in Erfurt entwickelt als erste Einrichtung dieser Art in der DDR auch spezielle Leiterplatten für Rationalisierungsvorhaben in Klein- und Mittelbetrieben nach Kundenwunsch. Dazu wurde ein Leiterplattenzentrum des Ingenieurbetriebes aufgebaut. Es verfügt über rechnergestützte Arbeitsplätze und entsprechende Software für den Entwurf sowie ein Labor für die Herstellung von unbestückten Prototyp-Leiterplatten. Auf der Basis des Stromlaufplans und entsprechend den Vorstellungen des Kunden entwickeln Spezialisten des Betriebes das Layout der Leiterplatte am CAD-System. Parallel dazu entstehen die Steuerlochstreifen für die Bohrautomaten. Ebenfalls am Computer werden die Schablonen für die chemische und galvanische Herstellung der Leiterzüge erarbeitet.
Seit Anfang 1988 wurde dieser Service von 18 Betrieben des Bezirkes Erfurt genutzt. Dazu zählen die Zukkerfabrik Walschleben, das Reparaturwerk „Clara Zetkin“ Erfurt sowie das Energiekombinat. Jährlich können mit dieser Technologie rund 100 Aufträge bearbeitet werden. Um ihre Leistungen im Rahmen der territorialen Rationalisierung weiter zu erhöhen, sind die Mitglieder eines Jugendforscherkollektivs dabei, das Leiterplattenzentrum auszubauen. *ADN-Rothe*

## Robotron-Ausstellung in Budapest

Einen Überblick über sein Produktionsprofil, vor allem bei Rechen-, Meß- und Schreibtechnik, vermittelte Mitte Oktober 1988 das Kombinat Robotron mit einer Ausstellung in Budapest. Im Mittelpunkt der Exposition stand der 32-Bit-Computer K 1840, der von Robotron erstmals in Ungarn vorgestellt wurde.
Der Generaldirektor des DDR-Kombinates, Friedrich Wokurka, erklärte bei der Eröffnung unter anderem, die Ausstellung habe das Ziel, neue Möglichkeiten der Industriekooperation zwischen beiden Ländern bis hin zu gemeinsamer Produktion und gemeinsamem Absatz von Erzeugnissen zu erschließen.
Zu dem ausgestellten 32-Bit-Rechner gehörten sechs Terminals. Besondere Bedeutung besitzt er für die Industrie, beispielsweise für den Einsatz in CAD/CAM-Stationen. Vorgestellt wurden ferner Drucker sowie verschiedene Software. Wissenschaftler und Ingenieure des Kombinates sowie der Technischen Universitäten Dresden und Magdeburg erläuterten dem ungarischen Fachpublikum spezielle Programme und Möglichkeiten der Robotrontechnik.
Parallel zur eigenständigen Robotron-Ausstellung war das Kombinat auf der zur selben Zeit in Budapest stattfindenden internationalen Ausstellung Compfair 88 vertreten. Dort wurden Personalcomputer und Möglichkeiten ihres Einsatzes vorgeführt. *ADN*

## Gemeinsames Unternehmen für Computersysteme

Die Siemens AG sowie die Intel Corporation, Santa Clara (USA), haben vereinbart, eine gemeinsame Computerfirma zu gründen. Das Joint Venture, an dem Siemens und Intel zu jeweils 50% beteiligt sind, erhält den Namen „BiiN“ (sprich „Bein“). Eine entsprechende Vereinbarung wurde Mitte 1988 in München unterzeichnet. Das Joint Venture ergänzt die Geschäftsstrategien beider Partner und wird weltweit Computersysteme für vernetzte Rechneranwendungen besonders hoher Zuverlässigkeit anbieten. *MP*

## COCOM-Restriktionen von Japan verändert

Die japanische Regierung hat im November 1988 beschlossen, die bisherigen COCOM-Restriktionen für 32 Erzeugnisgruppen zu lockern. Gleichzeitig sollen Exportbestimmungen für 31 Produkte, die für militärische Zwecke verwendet werden könnten, verschärft werden. Das Kabinett stimmte einer entsprechenden Änderung der Durchführungsbestimmungen des Gesetzes über den Devisen- und Außenhandel zu, die das japanische Ministerium für internationalen Handel und Industrie (MITI) vorgeschlagen hatte.
Aus den Embargolisten herausgenommen wurden mit Wirkung vom 20. Dezember unter anderem Computer, Transistoren, integrierte Schaltkreise und Flugzeuge. Für Minicomputer, Videorecorder und Floppy Disks ist künftig keine Exportlizenz des MITI mehr notwendig. Von COCOM-Restriktionen ebenfalls nicht mehr betroffen sind nach japanischem Außenhandelsgesetz nunmehr auch technologische Erzeugnisse wie Gallium-Arsenid-Transistoren für die Satelliten-Kommunikation.
Die japanische Regierung folgt damit einer ökonomisch motivierten Forderung einflußreicher Wirtschaftskreise Nippons, die bereits mehrfach öffentlich angeregt hatten, nur Produkte mit tatsächlicher militärischer Bedeutung für den Ost-West-Handel zu sperren. Andererseits sollen jene Verbote wegfallen, die durch technologische Fortschritte in den sozialistischen Staaten unsinnig geworden sind. Bereits im September hatte das MITI eine Liste von Hochtechnologie-Produkten – darunter elektronische Rechner, Textverarbeitungsgeräte und Frequenzmesser – veröffentlicht, deren Export erleichtert wird. *ADN*

# A 7100-Grafik

*Dr. Klaus-Dieter Krannich, Cottbus*

## SCP-GX und höhere Programmiersprachen

Der A 7100 ist mit einem sehr leistungsfähigen grafischen Subsystem ausgerüstet. Mit der Betriebssystemerweiterung SCP-GX steht dem Anwender ein Werkzeug zur Verfügung, mit dessen Hilfe umfangreiche grafische Aufgaben gelöst werden können. Das Handhaben dieser grafischen Systemerweiterung als Gerätetreiber bereitet jedoch dem weniger versierten Programmierer einige Schwierigkeiten. So ist das SCP-GX von höheren Programmiersprachen, sieht man einmal von Fortran 77 ab, nicht ohne weiteres erreichbar. Selbst wenn man ein der

**SUBROUTINE GDOS86 (CONTRL, INTIN, PTSIN, INTOUT, PTSOUT) (F77)**

analoges Unterprogramm zur Verfügung hat, ist die Nutzung der grafischen Funktionen durch die erforderliche Belegung der Steuerfelder noch hinreichend kompliziert. Außerdem entstehen dabei recht unübersichtliche Programme, die nur durch umfangreiche Kommentare durchschaubar gemacht werden können. Es wäre deshalb wünschenswert, daß dem Anwender eine Bibliothek von Unterprogrammen zur Verfügung stände, die die jeweiligen grafischen Funktionen ausführen und denen nur die jeweils relevanten Parameter übergeben werden müssen. Die vom Hersteller für Fortran 77 gelieferten Routinen WSOPEN, WSCLCS, WSESCP, WSCHAR bilden eine gute Basis einer solchen Bibliothek. Wir wollen im weiteren eine einheitliche Realisierung dieses Konzeptes für die Programmiersprachen Turbo-Pascal, Fortran 77 und C vorstellen.

In Turbo-Pascal und C ist die Routine *gdos86* ohne große Schwierigkeiten zu realisieren. Das Parameterfeld *parms* enthält die vollständigen (je 4 Byte) Zeiger auf die Steuerfelder *contrl, intin, ptsin, intout, ptsout.* Diese Belegung erfolgt in der Routine parm_ini. In C muß man sich die Basisadresse des Datensegmentes z. B. mit Hilfe von #define DSEG (*(int *)9) aus der Basisseite beschaffen. Der Aufruf des SCP-GX erfolgt über die BDOS-Schnittstelle mit der Rufnummer 473H. Die

```
{***** Turbo-Pascal gdos86 ************************************}

type
  iptr          =^integer;
  cpuregister   = record
                  ax,bx,cx,dx,bp,si,di,ds,es,flags:integer;
                  end;

var
  contrl:array[1..35] of integer;
  intin:array[1..800] of integer;
  ptsin:array[1..800] of integer;
  intout:array[1..800] of integer;
  ptsout:array[1..800] of integer;
  parm:array[1..5] of iptr;

procedure gdos86;
var
  reg:cpuregister;
 begin
   reg.cx:=$0473;
   reg.dx:=ofs(parm);
   reg.ds:=seg(parm);
   bdos(reg);
 end;
procedure parm_ini;
begin
  parm[1]:=addr(contrl);
  parm[2]:=addr(intin);
  parm[3]:=addr(ptsin);
  parm[4]:=addr(intout);
  parm[5]:=addr(ptsout);
end;
```

***Bild 1** gdos86: Turbo-Pascal*

```
/***** C gdos86 *****************************

static int contrl[10],intin[800],ptsin[800],
         intout[800],ptsout[800];
static int parm[10];

#define DSEG     (*(int *)9)
#define GDOS86 (__BDOS(0x473,parm)

parm_ini()
{ int i;
  for(i=1;i<10;i+=2) parm[i]=DSEG;
  parm[0]=contrl;
  parm[2]=intin;
  parm[4]=ptsin;
  parm[6]=intout;
  parm[8]=ptsout;
}
;
; Funktion __BDOS(RUF,ARG);
;          int RUF, ARG;
;
RUF equ 4
ARG equ 6
;
cseg
___BDOS:
push bp
mov bp,sp
push di
push si
mov cx,word ptr RUF[bp]
mov dx,word ptr ARG[bp]
int 224
jmp cret
extrn cret:near
public ___BDOS
end
```

***Bild 2** gdos86: C; _BDOS (ruf_nr, reg_dx)*

```
;***** F77 GDOS86 ***********************************************
;
;       SUBROUTINE GDOS86(CONTRL,INTIN,PTSIN,INTOUT,PTSOUT)
;       INTEGER*2 CONTROL(N),INTIN(M),PTSIN(K),INTOUT(L),PTSOUT(J)
;
;       Small Modell
;
CONTRL  equ 4
INTIN   equ 6
PTSIN   equ 8
INTOUT  equ 10
PTSOUT  equ 12
;
dseg
parm dw 0
dw seg parm
dw 0
dw seg parm
dw 0
dw seg parm
dw 0
dw seg parm
dw 0
dw seg parm
;
cseg
public gdos86
;
gdos86:
push bp
mov bp,sp
push di
push si
mov ax,word ptr CONTRL[bp]
mov parm,ax
mov ax,word ptr INTIN[bp]
mov parm+4,ax
mov ax,word ptr PTSIN[bp]
mov parm+8,ax
mov ax,word ptr INTOUT[bp]
mov parm+12,ax
mov ax,word ptr PTSOUT[bp]
mov parm+16,ax
mov dx,offset parm
mov cx,473h
int 224
pop si
pop di
mov sp,bp
pop bp
ret
end
```

***Bild 3** GDOS86: Fortran 77, Small Model* ▶

```
;***** F77 GDOS86 **********************************************
;
;       SUBROUTINE GDOS86(CONTRL,INTIN,PTSIN,INTOUT,PTSOUT)
;       INTEGER*2 CONTROL(N),INTIN(M),PTSIN(K),INTOUT(L),PTSOUT(J)
;       Large-Modell
;
cseg
public gdos86
gdos86:
push bp
push ds
mov bp,sp
push bp
pop dx
add dx,8
push ss
pop ds
mov cx,473h
int 224
pop ds
pop bp
retf
end
```

***Bild 4** GDOS86: Fortran 77, Large Model* ▶

| Nr | Name | Parameter | Funktion |
|---|---|---|---|
| 1 | open_ws(nr)<br>OPENWS(NR)<br>open_ws(nr) | nr: Arbeitsstationsnummer | Eroeffnen einer Arbeitsstation |
| 2 | close_ws<br>CLOSEWS<br>close_ws() | keine | Schliessen einer Arbeitsstation |
| 3 | clear_ws<br>CLEARWS<br>clear_ws() | keine | Loeschen einer Arbeitsstation |
| 4 | update_ws<br>UPDATEWS<br>update_ws() | keine | Ausfuehren aller anstehenden Kommandos |
| 5 | set_split(nr)<br>SETSPLIT(NR)<br>set_split(nr) | nr: Zeilennummer | Setzen der Splitgrenze |
| 6 | escape(nr)<br>ESCAPE(NR)<br>escape(nr) | nr: Funktionsnummer | Ausfuehren einer ESC-Funktion |
| 7 | set_lt(t)<br>SETLT(T)<br>set_lt(t) | t: Linientyp | Setze Linientyp |
| 8 | set_lw(w)<br>SETLW(W)<br>set_lw() | w: Linienstaerke | Setze Linienstaerke |
| 9 | set_lci(ci)<br>SETLCI(CI)<br>set_lci(ci) | ci: Farbindex | Setze Linienfarbe |
| 10 | polyline(n,feld)<br>POLYLINE(N,FELD)<br>polyline(n,feld) | n: Anzahl der Punkte<br>feld: Koordinaten der Punkte x1,y1,x2 y2 ... | Zeichne Polygon |
| 11 | set_mt(t)<br>SETMT(T)<br>set_mt(t) | t: Markertyp | Setze Markertyp |
| 12 | set_ms(s)<br>SETMS(S)<br>set_ms(s) | s: Markergroesse | Setze Markergroesse |
| 13 | polymarker(n,feld)<br>POLYMARKER(N,FELD)<br>polymarker(n,feld) | n: Anzahl der Punkte<br>feld: Koordinaten der Punkte | Markersymbole setzen |
| 14 | set_ch(h)<br>SETCH(H)<br>set_ch(h) | h: Zeichenhoehe | Einstellen der Zeichenhoehe |
| 15 | set_chup(v)<br>SETCHUP(V)<br>set_chup(v) | v: Neigungswinkel | Einstellen des Neigungswinkels fuer Zeichen |
| 16 | set_tc(c)<br>SETTC(C)<br>set_tc(c) | c: Textfarbe | Setzen der Textfarbe |
| 17 | set_tf<br>SETTF<br>set_tf | keine | Aktivierung der oberen Zeichencodes |
| 18 | text(n,x,y,txt)<br>TEXT(N,X,Y,TXT)<br>text(n,x,y,txt) | n: Anzahl der Zeichen<br>x,y: Punktkoordinaten<br>txt: Text | Textausgabe |
| 19 | set_fs(s)<br>SETFS(S)<br>set_fs(s) | s: Fuellart | Setze Fuellart |
| 20 | set_fsi(i)<br>SETFSI(I)<br>set_fsi(i) | i: Fuellindex | Setze Fuellindex |
| 21 | set_fc(c)<br>SETFC(C)<br>set_fc(c) | c: Fuellfarbe | Setze Fuellfarbe |
| 22 | fill(feld)<br>FILL(FELD)<br>fill(feld) | feld: Punktkoordinaten der Ecken | Fuellen eines Polygons |
| 23 | bar(x,y,x1,y1)<br>BAR(X,Y,X1,Y1)<br>bar(x,y,x1,y1) | x,y: linke untere Ecke<br>x1,y1: rechte obere Ecke | Balken zeichnen |
| 24 | circle(xc,yc,r)<br>CIRCLE(XC,YC,R)<br>circle(xc,yc,r) | xc,yc: Mittelpunktkoordinaten<br>r: Radius | Kreis zeichnen |
| 25 | arc(xc,yc,r,sw,ew)<br>ARC(XC,YC,R,SW,EW)<br>arc(xc,yc,r,sw,ew) | xc,yc: Mittelpunktkoordinaten<br>r: Radius<br>sw,ew: Start- bzw Endwinkel | Kreisbogen zeichnen |
| 26 | hardcopy<br>HARDCOPY<br>hardcopy() | keine | |
| 27 | set_wm(m)<br>SETWM(M)<br>set_wm(m) | m: Schreibmodus | Setze Schreibmodus |
| 28 | set_cr(i,r,g,b)<br>SETCR(I,R,G,B)<br>set_cr | i: Farbindex<br>r: Rot-Intensitaet<br>g: Gruen-Intensitaet<br>b: Blau-Intensitaet | Setze Farbindex |

◀ ***Bild 5** Liste der implementierten Funktionen*

***Bild 6** KGSOUT: Turbo-Pascal* ▼

```
{***** KGSOUT Turbo-Pascal **************
procedure out_kgs(c:byte);
begin
         portw[$202]:=c;
         repeat until (portw[$200] and 2)=0;
      end;
end;
```

```
;***** KGSOUT BASIC ********
;
;   Zeichenausgabe an den KGS
;
;

        cseg
;
;
OUTCHR:
        PUSH BP
        PUSH DS
        MOV BP,SP
        MOV BX,8[BP]
        MOV AL,[BX]
        MOV DX,202H
        OUT DX,AL
        MOV DX,200H
L1:     IN  AL,DX
        AND AL,2
        JNZ L1
        POP DS
        POP BP
        RETF 2
```

***Bild 7** KGSOUT: Basic*

```
;***** KGSOUT F77 *****
;
;  KGS - Zeichenausgabe
;
;  SUBROUTINE OUTCHR(C)
;  INTEGER*2 C
;
;  SMALL Modell
;
;

        cseg
;
        PUBLIC OUTCHR
;
OUTCHR:
        PUSH BP
        PUSH DS
        MOV BP,SP
        MOV BX,6[BP]
        MOV AL,[BX]
        MOV DX,202H
        OUT DX,AL
        MOV DX,200H
L1:     IN  AL,DX
        AND AL,2
        JNZ L1
        POP DS
        POP BP
        RET
END
```

***Bild 8** KGSOUT: Fortran 77, Small Model*

```
;***** KGSOUT F77 *****
;
;  KGS - Zeichenausgabe
;
;  SUBROUTINE OUTCHR(C)
;  INTEGER*2 C
;
;  LARGE Modell
;
;

        cseg
;
        PUBLIC OUTCHR
;
OUTCHR:
        PUSH BP
        PUSH DS
        MOV BP,SP
        LES BX,8[BP]
        MOV AL,ES:[BX]
        MOV DX,202H
        OUT DX,AL
        MOV DX,200H
L1:     IN  AL,DX
        AND AL,2
        JNZ L1
        POP DS
        POP BP
        RETF
END
```

***Bild 9** KGSOUT: Fortran 77, Large Model*

***Bild 10** KGSOUT: C*

```
;***** KGSOUT C *******
;
;  KGS - Zeichenausgabe
;
;  outkgs(c)
;  char c;
;

        cseg
;
        PUBLIC _outkgs
;
_outkgs:
        PUSH BP
        PUSH DS
        MOV BP,SP
        MOV AL,6[BP]
        MOV DX,202H
        OUT DX,AL
        MOV DX,200H
L1:     IN  AL,DX
        AND AL,2
        JNZ L1
        POP DS
        POP BP
        RET
END
```

***Bild 11** Laden des Programmcodes in das Datensegment des Basic-Interpreters* ▼

```
60000 REM INIT------------------
60001 OPEN "I",#1,"KGSOUT.OVL"
60002 X$=INPUT$(128,#1)
60003 DEF SEG:CLEAR ,&HFF50
60005 FOR I%=&HFF50 TO &HFF6A
60006 POKE I%,ASC(INPUT$(1,#1))
60007 NEXT
60009 CODE=&HFF50
60010 RETURN
```

| Nr. | Name | Parameter | Funktion |
|---|---|---|---|
| 1 | init<br>INIT<br>init() | keine | Initialisierung |
| 2 | load_frm<br>LOADFRM<br>load_frm() | keine | Laden der Firmware |
| 3 | set_split(zn)<br>SPLIT(ZN)<br>set_split | Zeilennummer | Setzen der Splitgrenze |
| 4 | ini_screen(m,s,x1,y1,x2,y2)<br>INISCREEN(M,S,X1,Y1,X2,Y2)<br>ini_screen(m,s,x1,y1,x2,y2) | m: Modus<br>s: BS-Ebene<br>x1,y1: linke unter Ecke<br>x2,y2: rechte obere Ecke | Initialisierung eines Bildschirmsegments |
| 5 | set_window(x1,y1,x2,y2,s)<br>WINDOW(X1,Y1,X2,Y2,S)<br>set_window(x1,y1,x2,y2,s) | x1,y1: linke untere Ecke<br>x2,y2: rechte obere Ecke<br>s: BS-Ebene | Einrichtung eines Fensters |
| 6 | set_lp(i,t,w,s)<br>SETLP(I,T,W,S)<br>set_lp(i,t,w,s) | i: Index (1)<br>t: Typ (1)<br>w: Dicke<br>s: BS-Ebene | Setzen der Linienparameter |
| 7 | set_mp(i,t,s)<br>SETMP(I,T,S)<br>set_mp(i,t,s) | i: Index<br>t: TYP (1-28)<br>s: BS-Ebene | Setzen der Markerparameter |
| 8 | set_pen(x,y,i)<br>SETPEN(X,Y,I)<br>set_pen(x,y,i) | x,y: Punktkoordinaten<br>i: Index | Anfangspunkt einer Geraden setzen |
| 9 | draw(x,y)<br>DRAW(X,Y)<br>draw(x,y) | x,y: Punktkoordinaten | Gerade zeichnen |
| 10 | marker(x,y)<br>MARKER(X,Y)<br>marker(x,y) | x,y: Punktkoordinaten (linke untere Ecke) | Marker setzen |
| 11 | set_text(x,y,t,s,txt)<br>SETTEXT(X,Y,T,S,TXT)<br>set_text(x,y,t,s,txt) | x,y: Punktkoordinaten<br>t: Typ<br>s: BS-Ebene<br>txt: Text | Text ausgeben |
| 12 | set_arc(xm,ym,x1,y1,x2,y2,r)<br>SETARC(XM,YM,X1,Y1,X2,Y2,R)<br>set_arc(xm,ym,x1,y1,x2,y2,r) | xm,ym: Koordinaten des Mittelpunktes<br>x1,y1: Koordinaten des Anfangspunktes<br>x2,y2: Koordinaten des Endpunktes<br>r: Radius | Ausgabe eines Kreisbogens unter Verwendung der aktuellen Linienparameter |
| 13 | set_wmode(m)<br>SETWMODE(M)<br>set_wmode(m) | m:Schreibmodus | Einstellen des Schreibmodus |
| 14 | select_screen(s)<br>SELECTSCREEN(S)<br>select_screen(s) | s: BS-Ebene | Auswahl der BS-Ebene<br>1 Grauwertgrafik<br>2 nur Ebene 1<br>3 nur Ebene 2<br>4 Ebene 1 or 2<br>5 Ebene 1 xor 2 |
| 15 | set_fp(a,i,s)<br>SETFP(A,I,S)<br>set_fp(a,i,s) | a: Fuellart<br>i: Fuellindex<br>s: BS-Ebene | Setzen der Fuellparameter |
| 16 | fill_point(x,y)<br>FILLPOINT(X,Y)<br>fill_point(x,y) | x,y: Punktkoordinaten | Setzen eines Eckpunktes einer zu fuellenden Flaeche |
| 17 | fill<br>FILL<br>fill() | keine | Starte Fuellen |
| 18 | screen_off<br>SCREENOFF<br>screen_off() | keine | Dunkeltastung des Bildschirmes |
| 19 | screen_on<br>SCREENON<br>screen_on() | keine | Einschalten des Bildschirmes |

***Bild 12 Liste der Unterprogramme***

```
/**********************************************************************/
/* KGS - STEUERFOLGEN                                                 */
/**********************************************************************/
#define stx (char)2
#define etx (char)3
#define esc (char)27
char b[86];
/* KGS-Ausgabe */
kgsout(N)
int N;
{int i;
 for(i=1;i<=N;i++) outkgs(b[i]);
 return;
}
/* lo */
char lo(x)
int x;
{return((char)(x%256));
}
/* hi */
char hi(x)
int x;
{return((char)(x/256));
}
/* init */
init()
{b[1]=stx;b[2]=(char)5;b[3]=(char)0;b[4]=(char)40;b[5]=(char)1;
 b[6]=(char)1;b[7]=(char)1;b[8]=(char)1;b[9]=etx;
 kgsout(9);
}
/* set_lp (Linienparameter) */
set_lp(index,typ,width,screen)
int index,typ,width,screen;
{b[1]=stx;b[2]=(char)5;b[3]=(char)0;b[4]=(char)21;
 b[5]=lo(index);b[6]=lo(typ);b[7]=lo(width);b[8]=lo(screen);b[9]=etx;
 kgsout(9);
}
/* set_pen (Linienanfangspunkt) */
set_pen(x,y,index)
int x,y,index;
{b[1]=stx;b[2]=(char)6;b[3]=(char)0;b[4]=(char)16;
 b[5]=lo(index);b[6]=lo(x);b[7]=hi(x);b[8]=lo(y);b[9]=hi(y);b[10]=etx;
 kgsout(10);
}
/* draw (Linienendpunkt) */
draw(x,y)
int x,y;
{b[1]=stx;b[2]=(char)5;b[3]=(char)0;b[4]=(char)17;
 b[5]=lo(x);b[6]=hi(x);b[7]=lo(y);b[8]=hi(y);b[9]=etx;
 kgsout(9);
}
```

***Bild 13 KGS-Steuerfolgen***

Funktion _BDOS der Standardbibliothek ist nicht verwendbar, da die Rufnummer nur als Byte übergeben wird. Man ersetze den Modul BDOSS in der Standardbibliothek durch den angegebenen. Dazu erstellt man eine Datei BDOSS.A86 mit dem in Bild 2 angegebenen Quelltext, übersetzt diesen mit RASM86 BDOSS $NC und ersetzt den Modul BDOSS der Standardbibliothek mit LIB86 LIBC=LIBC.L86 REPLACE BDOSS. Die Bilder 1 und 2 zeigen die entsprechenden Quellen. Die Bilder 3 und 4 enthalten ein Assemblerlisting für eine GDOS86-Routine, die mit vom F77-Compiler (von Digital Research) erzeugten Objektmoduln verbunden werden kann. Dabei entspricht Bild 3 dem Small-Model, Bild 4 dem Large-Model. Abschließend geben wir eine Liste aller implementierten Funktionen mit einer kurzen Beschreibung der von ihnen geforderten Parameter an (Bild 5).

## KGS-Steuerfolgen und höhere Programmiersprachen

Die grafische Erweiterung SCP-GX des Betriebssystems SCP 1700 bietet dem Anwender vielfältige Möglichkeiten. In vielen Anwendungsfällen werden jedoch lediglich grafische Darstellungen auf dem Bildschirm benötigt. Gerade in solchen Situationen ist die Nutzung des SCP-GX recht umständlich und eine direkte Ansteuerung des KGS über die entsprechenden Steuerfolgen wesentlich effektiver. Dann könnte die Installation des SCP-GX über das GRAPHICS-Kommando entfallen. Da auch das Laden der Grafikfirmware softwaregesteuert erfolgen kann, könnte man die Nutzerfreundlichkeit solcher Programme weiter erhöhen. Außerdem sind im SCP-GX nicht alle Möglichkeiten des KGS direkt realisiert. Hier ist vor allem die unabhängige Nutzung der beiden Bildschirmebenen interessant. Die einzige Schwierigkeit bei der Realisierung eines solchen Konzeptes besteht darin, die entsprechenden Steuerfolgen von der Ebene einer höheren Programmiersprache aus fehlerfrei an den KGS zu übergeben. Die BDOS-Funktionen zur Zeichenausgabe an die Konsole (Ruf 2 oder 6) können leider nicht benutzt werden, da diese nicht in der Lage sind, KGS-Steuerfolgen zu erkennen und gewisse Steuerzeichen vorzuverarbeiten. Damit sind natürlich auch die Mittel höherer Programmiersprachen zur Zeichenausgabe (Write-Befehle) nicht verwendbar. Es wäre möglich, aber auch recht umständlich, die entsprechenden BIOS-Funktionen (Ruf 2) zu nutzen. Die effektivste Variante besteht sicherlich darin, die Steuerfolgen direkt an den KGS auszugeben. Einen sicheren Zugriff auf die Datenports gewährleistet jedoch nur Turbo-Pascal. Bild 6 enthält eine entsprechende Prozedur. Für die Sprachen Basic 1700, Fortran 77 und C ist es erforderlich, kleine in Assembler geschriebene Unterprogramme zur Zeichenausgabe an den KGS einzubinden. Die Quelltexte sind in den Bildern 7 bis 10 zusammengefaßt. Diese Quellen sind mit RASM86 zu übersetzen, und die entstehenden Objektdateien können dann mit dem Anwenderprogramm verbunden werden. Der Basic-Interpreter erfordert eine gesonderte Behandlung. Zunächst muß der Objektmodul mit LINK86 zu einem ausführbaren Programm verbunden werden. Bild 11 zeigt, wie man den dabei entstandenen Programmcode in das Datensegment des Basic-Interpreters ab der Adresse &HFF50 lädt. Nach der Zuweisung CODE=&HFF50 ist dann die Ausgabe des Zeichens I% an den KGS mit CALL CODE(I%) realisierbar. Damit ist es möglich, alle in der Systembeschreibung des KGS angegebenen Funktionen auszuführen. Bild 12 enthält eine Liste der von uns auf dieser Grundlage erstellten Unterprogramme mit allen erforderlichen Parametern. Zur Demonstration geben wir noch die Realisierung der Funktionen *init, set_lineparameter, set_pen* und *draw* in der Programmiersprache C an (Bild 13).

Alle so erstellten grafischen Programme lassen sich auf Quelltextebene ohne Schwierigkeiten auf den A 7150 (unter dem Betriebssystem DCP) übertragen.

**Literatur**


/1/ Vetter, O.: Grafik am A 7100. Mikroprozessortechnik, Berlin 1 (1987) 11, S. 325

/2/ Schmidt, E.: Hilfsroutinen zur Arbeit mit SCP-GX. Mikroprozessortechnik, Berlin 2 (1988) 4, S. 121

/3/ Dokumentation A 7100. Band 1: Rechner und Geräte, 1.56. 702001.5/53; Band 2: Logikmoduln MMS 16(MF), 1.56.702002. 3/97

/4/ Steuerprogramm SCPX 1700, Anleitung für den Systemprogrammierer.



**✉ KONTAKT ☏**

Ingenieurhochschule Cottbus, Karl-Marx-Straße 17, Cottbus, 7500; Tel. 692454


# Grafikbibliotheken für A 7100/7150


**Dr. Knut Stephan, Dietmar Thalmann**
**VEB Geräte- und Regler-Werke „Wilhelm Pieck" Teltow**



*Die 16-Bit-Arbeitsplatzcomputer A 7100/ A 7150 bieten die Möglichkeit der Grafikarbeit. Dabei können unter dem Betriebssystem SCP 1700 und DCP 1700 die Grafikerweiterungen SCP-GX bzw. DCP-GX in Verbindung mit entsprechenden Grafikprozeduren genutzt werden. Für das Echtzeitbetriebssystem BOS 1810 steht eine derartige grafische Grundsoftware nicht zur Verfügung.*

*In diesem Beitrag wird eine Lösung vorgestellt, die es ermöglicht, unter den Betriebssystemen BOS 1810, SCP 1700 und DCP 1700 das grafische Subsystem des A 7100/A 7150 ohne Betriebssystemerweiterung zu nutzen. Diese Lösungsvariante ist für einfache grafische Anwendungen sehr zweckmäßig und effektiv einsetzbar und führt gegenüber Grafik-Betriebssystemerweiterungen zu Einsparungen hinsichtlich Rechenzeit und Speicherplatz. Die funktionelle Leistungsfähigkeit des SCP-GX/DCP-GX hinsichtlich Bedienung unterschiedlicher grafischer Geräte wird nicht erreicht.*


## Voraussetzungen

Grundvoraussetzung zur Arbeit mit den Grafikbibliotheken ist die Grafikfähigkeit des A 7100/A 7150, das heißt, der Arbeitsplatzcomputer muß über ein grafisches Subsystem, bestehend aus dem Controller für grafische Systeme (KGS K 7070) und der Anschlußsteuerung für grafischen Bildschirm (ABG K 7072), verfügen.

Weiterhin muß die grafische Firmware GRAFx.xxx auf Externspeicher vorliegen. Bei den Betriebssystemen SCP 1700 und DCP 1700 gehört die entsprechende Datei (z. B. GRAF6.FRM für A 7100 und GRAF7.F50 für A 7150) zum Lieferumfang des AC. Für das Betriebssystem BOS 1810 wurde diese KGS-Firmware in das entsprechende Datenformat konvertiert. Dem Laden der Firmware in den Arbeitsspeicher des KGS dient eine spezielle Prozedur der Grafikbibliothek.

Als grafisches Eingabegerät dient die Tastatur, als Ausgabegeräte der Monitor und der Drucker (HARDCOPY).


**Dr.-Ing. Knut Stephan (31)**
– Studium von 1977 bis 1982 an der Sektion Technische Kybernetik und Elektrotechnik der TH (jetzt TU) Magdeburg in der Fachrichtung Technische Kybernetik und Automatisierungstechnik
– von 1982 bis 1986 als wissenschaftlicher Assistent im Wissenschaftsbereich Automatisierungstechnik der Sektion Verfahrenstechnik an der TH Leuna-Merseburg
– 1987 Promotion A auf dem Gebiet der Prozeßsteuerung
– seit 1986 Mitarbeiter für F u. E im VEB Geräte- und Regler-Werke Teltow auf dem Gebiet der Automatisierungsanlagenentwicklung

**Dipl.-Ing. Dietmar Thalmann (27)**
– Studium von 1983 bis 1987 an der Sektion Automatisierungsanlagen der TH Leipzig in der Fachrichtung Technische Kybernetik und Automatisierungstechnik
– seit 1987 Mitarbeiter für Forschung und Entwicklung im VEB Geräte- und Regler-Werke Teltow auf dem Gebiet der Softwareerstellung für Automatisierungsanlagen


## Aufbau und Wirkungsweise

Eine Grafikbibliothek ist aus einzelnen Prozeduren aufgebaut. Diese Prozeduren aktivieren die Funktionen der ladbaren KGS-Firmware des A 7100/A 7150 /1/, /2/. Dazu

a)

```
PROCEDURE OUT_KGS(DATA:FELD; M:INTEGER);
  LABEL   1;
  VAR       I : INTEGER;
      STATUS : BYTE;
BEGIN
  FOR I:=1 TO M DO
  BEGIN
  1:STATUS:=PORT[$200];                    {Einlesen KGS-Statusbyte}
    IF (STATUS AND 2)=2 THEN GOTO 1                    {Test IBF-Bit}
    ELSE
    PORTW[$202]:=LO(DATA[I]);                        {Ausgabe Daten}
  END;
END;
```

b)

```
PROCEDURE POLYLINE(ANZ:INTEGER; VAR X,Y:FELD);
  VAR  I : INTEGER;
BEGIN
  DATA[1]:=2;                                                 {STX}
  DATA[2]:=6; DATA[3]:=0;    {Laenge des Funktions/Parameterteils}
  DATA[4]:=16;          {Firmwarefunktion K16: Setze Startpunkt}
  DATA[5]:=1;                        {Linienindex LI=1 --> POLYLINE}
  DATA[6]:=LO(X[1]); DATA[7]:=HI(X[1])    {Koordinaten Startpunkt}
  DATA[8]:=LO(Y[1]); DATA[9]:=HI(Y[1]);
  DATA[10]:=3;                                                {ETX}
  OUT_KGS(DATA,10);                 {Datenuebergabe an KGS-Datenport}
  FOR I:=2 TO ANZ DO
  BEGIN
    DATA[1]:=2;                                               {STX}
    DATA[2]:=5; DATA[3]:=0;                                {Laenge}
    DATA[4]:=17;          {Firmwarefunktion K17: Generiere Linie}
    DATA[5]:=LO(X[I]); DATA[6]:=HI(X[I]);  {Koord. der Eckpunkte}
    DATA[7]:=LO(Y[I]); DATA[8]:=HI(Y[I]);
    DATA[9]:=3;                                               {ETX}
    OUT_KGS(DATA,9);                {Datenuebergabe an KGS-Datenport}
  END;
END;
```

***Bild 1** Turbo-Pascal-Prozeduren*

***Bild 2** Grafik-Demonstrationsprogramm*

```
PROGRAM DEMOGRAF;
{****************************************
 *    GRAFIK-DEMONSTRATIONSPROGRAMM     *
 *  TURBO-PASCAL/SCP1700/AC A7100+KGS   *
 ****************************************}

{$I PASGRAF.INC}

BEGIN
  LOAD_FIRM('A');              {Firmware von Diskette Lfw. A laden}
  INIT(2,2,3,2);                      {Anfangszustand einstellen}
  TEXT_VIDEO(3);                       {Speicherebene fuer Text}
  TEXT(235,50,16,'SCP1700 - GRAFIK');               {Textausgabe}
  X[1]:=200; Y[1]:=40; X[2]:=400; Y[2]:=40;   {Linienkoordinaten}
  POLYLINE(2,X,Y);                                {Linienausgabe}
  X[1]:=300; Y[1]:=200;                   {Koordinaten fuer Marker}
  POLYMARKER(1,X,Y);                              {Markerausgabe}
  CIRCLE(300,200,30);                              {Kreisausgabe}
  BAR(1,350,250,250,150);                      {Rechteckausgabe}
  FILLTYPE(3,3,2,3,0,0);              {Fuellattribute einstellen}
  X[1]:=250; Y[1]:=250; X[2]:=300; {Koordinaten der Fuellflaeche}
  Y[2]:=300; X[3]:=350; Y[3]:=250;
  FILL_AREA(3,1,X,Y);                          {Flaeche fuellen}
  LINETYPE(3,3,2);                    {Linientyp fuer Kreisbogen}
  ARC(350,200,350,250,-180);               {Kreisbogenausgabe}
  FILLTYPE(1,3,2,8,0,0);              {Fuellattribute einstellen}
  X[1]:=250; Y[1]:=150; X[2]:=350; {Koordinaten der Fuellflaeche}
  Y[2]:=150; X[3]:=300; Y[3]:=100;
  FILL_AREA(3,0,X,Y);                          {Flaeche fuellen}
  LINETYPE(1,1,2);                     {Linietyp fuer Kreisbogen}
  ARC(250,200,250,250,135);                {Kreisbogenausgabe}
  HARDCOPY(3);                   {Bildschirminhalt ausdrucken}
  DELAY(10000);
  CLEAR(3);                       {Loeschen des Gafikbereichs}
  SPLIT(0);                      {Alfanumerik-Teil einblenden}
END.
```

parametrierte Steueranweisungen in Form von Grafikkommandos, Spezialpuffern und Tastaturbedienkommandos mittels einer zentralen Prozedur (Bild 1a) von der ZVE direkt an den Datenport des KGS übertragen und unmittelbar nach Empfang verarbeitet. Kommt es im Rahmen der Verarbeitung einzelner Steueranweisungen zur Bereitstellung von Daten durch die KGS-Firmware (z. B. Position des grafischen Kursors, Pixelinformation), so erfolgt eine Übertragung dieser Daten vom KGS zur ZVE.

Die Prozeduren der Grafikbibliotheken werden durch Funktionsrufe (Prozeduraufrufe, CALL-Befehle) im Anwenderprogramm aktiviert. Im Bild 1b ist eine implementierte Grafikprozedur einer Turbo-Pascal-Bibliothek dargestellt (Ausgabe eines Linienzuges).

Die einzelnen Grafikbibliotheken können in Abhängigkeit vom Anwendungsfall zusammengestellt werden.

### Grafikfunktionen

Die auf der Basis von Prozeduren realisierbaren Grafikfunktionen lassen sich im wesentlichen fünf Gruppen zuordnen. Zu den *Standardfunktionen* zählen das Laden der Firmware, das Einstellen der Splitgrenze und das Löschen des Grafikbereichs im Bildwiederholspeicher (BWS).

Die *Ausgabefunktionen* dienen der Darstellung von Grafikelementen (Linie, Symbol/Marker, Füllgebiet, Text, Rechteck, Kreis, Kreisbogen) auf dem Bildschirm. Außerdem ist ein Bildschirm-HARDCOPY über den ZVE-Drucker möglich. Die Koordinaten sind in den Bereichen 0..639 (X-Koordinate) und 0..399/0..479 (Y-Koordinate) anzugeben.

Mit den *Attributfunktionen* lassen sich die Attribute der Darstellungselemente (z. B. Linienstärke und -typ, Markertyp, Füllart, Helligkeit/Farbe) einstellen.

*Eingabefunktionen* ermöglichen die Übernahme von grafischer Information (z. B. Kursorposition, Pixelbelegung) in das Anwenderprogramm.

*Steuerfunktionen* realisieren im wesentlichen Parametereinstellungen (Schreibtyp, Initialisierungsmodus, Kursorart) sowie Bewegungen des grafischen Kursors.

### Einbindung

Die Einbindung der Grafikbibliotheken in das Anwenderprogramm ist von der Programmumgebung abhängig.

Bei den Betriebssystemen SCP 1700/DCP 1700 muß die entsprechende Bibliothek durch $I in den Quelltext des Turbo-Pascal-Anwenderprogramms eingefügt werden (Bild 2).

Beim Echtzeitbetriebssystem BOS 1810 dagegen wird die Grafikbibliothek als Modul an das Anwenderprogramm gelinkt. Die entsprechenden EXTERNAL-Prozedurvereinbarungen sind mit $INCLUDE in die Quelle des Anwenderprogramms aufzunehmen.


**Literatur**

/1/ Betriebsdokumentation A 7100, Band 2, Modulbeschreibung KGS 7070 (Erweiterte Fassung). VEB Kombinat Robotron, Dresden 1986

/2/ Betriebsdokumentation A 7150, Band 2, Modulbeschreibung KGS (Erweiterte Fassung). VEB Kombinat Robotron, Dresden 1987



⊠ KONTAKT ☏

VEB Geräte- und Regler-Werke Teltow, Abteilung TSA, Oderstraße 74–76, Teltow, 1530; Tel. 44 22 45


# Grafikprogrammierung mit SCP-GX


**Prof. Dr. Manfred Vogel, Andreas Eger**
**Techn. Universität Karl-Marx-Stadt**


Die Bildschirmauflösung der Arbeitsplatzcomputer A 1700 und A 1750 von 640 × 400 Bildpunkten bei einer Darstellungsfläche von 200 × 137,6 $mm^2$ gestattet die Ausgabe von Layouts, Plänen, Funktionsverläufen, Modellen und anderen ingenieurtechnischen Darstellungen. Die Erzeugung von Abbildungen von Körpern variabler Abmessung und Gestalt erfordert die Möglichkeit bequemer Transformationen zwischen verschiedenen Koordinatensystemen. Im Unterschied zum grafischen Kernsystem GKS unterstützt die grafische Betriebssystemerweiterung SCP-GX nur die Transformation auf die Gerätekoordinaten (DC) des gewählten physischen Ausgabe- bzw. Eingabegerätes. Das heißt, daß beim Aufruf einer SCP-GX-Funktion die Koordinaten sämtlicher Punkte in normalisierten Gerätekoordinaten (NDC) mit Werten im Bereich von 0 bis 32767 angegeben werden müssen bzw. zurückvermittelt werden.

Der Ursprung des NDC-Koordinatensystems liegt in der linken unteren Ecke der Darstellungsfläche, die normalisierten Gerätekoordinaten werden auf jede Achse des E/A-Gerätes komplett abgebildet.

Für die praktische Arbeit des Anwenderprogrammierers verbinden sich damit folgende Probleme:

- Der Ingenieur ist es gewohnt, für zeichnerische Darstellungen im allgemeinen in mm zu denken.
- Er beschreibt seine Darstellung in einem für den jeweiligen Zweck geeigneten Koordinatensystem, dem Weltkoordinatensystem (WC). Dieses Weltkoordinatensystem ist in seinen Achsen entsprechend den benötigten physikalischen Einheiten geteilt. Sein Ursprung liegt, z. B. aus Symmetriegründen, nicht unbedingt in der linken unteren Ecke.
- Bei vielen Aufgabenstellungen, vor allem aus dem CAD-Bereich, wird eine maßstäbliche, unverzerrte Abbildung geometrischer Objekte gefordert. Voraussetzung dafür ist eine isotrope Skalierung, das heißt die Abbildung des Weltkoordinatensystems im gleichen Maßstab auf beide Achsen des Gerätekoordinatensystems (DC).
- Die Darstellungsflächen der unterschiedlichen E/A-Geräte (z. B. Bildschirm, Plotter, Drucker) unterscheiden sich sowohl in der absoluten Größe als auch im Seitenverhältnis. Bedingt durch die SCP-GX-Konvention, daß die NDC-Koordinaten von 0 bis 32767 auf jede Achse des E/A-Gerätes abgebildet werden, ist somit für jede Achse jedes verwendeten Gerätes eine unterschiedliche Transformation notwendig.

Bild 1 veranschaulicht die unterschiedlichen Transformationen. Ein Blechteil sei im Weltkoordinatensystem x,y beschrieben. Wesentlich für das Finden einer Transformationsvorschrift ist der abzubildende Bereich des Weltkoordinatensystems, der durch die Punkte P1(XA,YA) und P2(XE,YE) beschrieben wird (Fenster). Dieses Teil soll auf Bild-

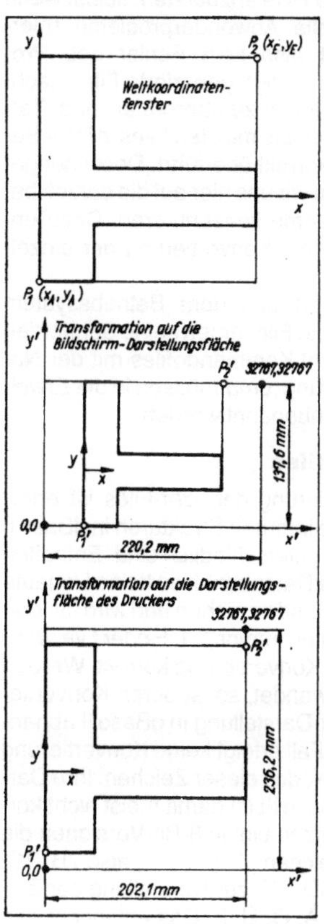


***Bild 1** Darstellung eines geometrischen Objektes auf unterschiedlichen Grafikgeräten mit isotroper Skalierung*

***Bild 2** Unterprogramme ISO und ANISO*

```
SUBROUTINE ISO
COMMON /TRANS/ IUA,IVA,XA,YA,XE,YE,RPXM,RPYM
COMMON /GRAF/ WSN,CONTRL,INTIN,PTSIN,INTOUT,PTSOUT
INTEGER*2 WSN,CONTRL(10),INTIN(80),PTSIN(400),
INTOUT(45),PTSOUT(12)
B1=REAL(INTOUT(1))
B2=REAL(INTOUT(2))
B4=REAL(INTOUT(4))
B5=REAL(INTOUT(5))
B=B1*B4
H=B2*B5
RPX=32767/B
RPY=32767/H
RM=B/H
BA=B
HA=H
DX=XE-XA
DY=YE-YA
R=DX/DY
IF (R.GT.RM) HA=B/R
IF (R.LT.RM) BA=H*R
IUA=INT(RPX*(B-BA)/2)
IVA=INT(RPY*(H-HA)/2)
RPXM=RPX*BA/DX
RPYM=RPY*HA/DY
RETURN
END

SUBROUTINE ANISO
COMMON /TRANS/ IUA,IVA,XA,YA,XE,YE,RPXM,RPYM
DX=XE-XA
DY=YE-YA
IUA=0
IVA=0
RPXM=32767./DX
RPYM=32767./DY
RETURN
END
```

schirm und Drucker K 6313 unverzerrt ausgegeben werden, wobei die jeweils zur Verfügung stehende Darstellungsfläche optimal ausgenutzt werden soll. Da die Seitenverhältnisse der Ausgabegeräte nicht dem Seitenverhältnis des Weltkoordinatenfensters entsprechen, bleibt zwangsläufig ein Teil der Darstellungsfläche ungenutzt. Die Abbildung des Weltkoordinatenfensters soll jedoch in der Mitte der Darstellungsfläche liegen.
Zur Realisierung der Transformation sind für jede Achse zwei Werte zu bestimmen:
– der Wert, der die Lage des linken unteren Punktes der Abbildung des Weltkoordinatenfensters in NDC angibt (im Programm IUA bzw. IVA)
– ein Maßstabsfaktor für die Abbildung der Weltkoordinaten auf NDC (im Programm RPXM bzw. RPYM).
Diese Werte werden für die angegebene Größe des Fensters und das vorgesehene E/A-Gerät im Programmablauf einmalig bestimmt. Für isotrope Skalierung geschieht dies im (Fortran 77-) Unterprogramm ISO, für anisotrope Skalierung (unterschiedliche Achsteilung) wird das Unterprogramm ANISO bereitgestellt (Bild 2). ISO errechnet die Größe der physischen Darstellungsfläche des jeweiligen E/A-Gerätes aus den beim Initialisieren der Arbeitsstation im Ausgabeparameterbereich INTOUT vermittelten Werten. Für die Vermittlung der Transformationsparameter wurde im Beispiel der benannte COMMON-Block /TRANS/ eingeführt. Er enthält acht Werte mit folgender Bedeutung:

**IUA, IVA** INTEGER*2) Lage des linken unteren Punktes der Abbildung des Weltkoordinatenfensters in NDC

**XA, YA, XE, YE** (REAL*4) linker unterer und rechter oberer Punkt des Weltkoordinatenfensters in WC

**RPXM, RPYM** (REAL*4) Umrechnungsfaktor WC in NDC in Richtung der x- bzw. Y-Achse

Mit Hilfe der im COMMON /TRANS/ bereitgestellten Transformationsparameter erfolgt die Transformation eines Punktes von WC in NDC über die Funktion IX bzw. IY (Bild 3). Für die Rücktransformation von normalisierten Gerätekoordinaten in Weltkoordinaten, z. B. bei der LOCATOR-Eingabe, stehen die Funktionen RX bzw. RY zur Verfügung. Die Belegung des Eingabepunktbereiches PTSIN erfolgt damit nicht mehr direkt, sondern über die genannten Funktionen:

z. B.: PTSIN(1)=IX(X1)
PTSIN(2)=IY(Y1).

X1 und Y1 sind die Koordinaten eines Punktes des Weltkoordinatensystems innerhalb des angegebenen Fensters, PTSIN enthält die normalisierten Gerätekoordinaten.

```
INTEGER*2 FUNCTION IX(X)
COMMON /TRANS/ IUA,IVA,XA,A,XE,B,R,D
IF (X.GT.XE) THEN
IX=32767
ELSE IF (X.LT.XA) THEN
IX=0
ELSE
IX=IUA+INT(R*(X-XA))
ENDIF
RETURN
END

INTEGER*2 FUNCTION IY(Y)
COMMON /TRANS/ IUA,IVA,A,YA,B,YE,D,R
IF (Y.GT.YE) THEN
IY=32767
ELSE IF (Y.LT.YA) THEN
IY=0
ELSE
IY=IVA+INT(R*(Y-YA))
ENDIF
RETURN
END
```

***Bild 3 Funktionen IX und IY***


✉ KONTAKT ☏

Technische Universität Karl-Marx-Stadt, Sektion Maschinen-Bauelemente, Straße der Nationen 62, Karl-Marx-Stadt, 9010


# Erfahrungen beim Übergang von dBase II zu dBase III


**Dr. Wilfried Grafik[1)]**
**Humboldt-Universität zu Berlin, Sektion Mathematik**


Die Datenbanksysteme dBase II und dBase III gehören in der 8- und 16-Bit-Technik, neben der Textverarbeitung und der Tabellenkalkulation, zu den am meisten benutzten Programmen. Viele Datenbank-, Kommando-, Format- und Berichtfiles wurden unter dBase II erstellt. Beim Umstieg auf dBase III, aber auch bei notwendiger gleichzeitiger Nutzung von 8- und 16-Bit-Technik, stehen deshalb zwei Fragen im Vordergrund: Wie können die unter dBase II vorhandenen Files unter dBase III genutzt werden? Welche Unterschiede bestehen zwischen dBase II und dBase III? Die letzte Frage läßt sich leider nicht durch einen Überblick oder eine Tabelle beantworten. Alle diesbezüglichen Versuche sind zwangsläufig unvollständig und liefern für wesentliche Details keine befriedigenden Antworten. Es bedarf dazu einer eingehenden Beschäftigung mit dBase III. Deshalb sei hier auf ein Buch verwiesen /1/.
Der Frage der Konvertierung von dBase II nach dBase III und den dabei auftretenden Problemen wollen wir uns in diesem Artikel zuwenden. Verbreitet ist das Konvertierprogramm *dCONVERT* zum Konvertieren aller in dBase II benutzten Filetypen. Die Untersuchungen beziehen sich auf die Version 1.07, das heißt, bei höheren Versionen oder kompatiblen Programmen können einige der hier auftretenden Anomalien beseitigt sein. Eine Auflistung der bekannten Probleme, gegebenenfalls ihre Überprüfung, dürfte in jedem Fall wertvoll sein.
dConvert ist ein Programm für die unvollständige Konvertierung von dBase II-Files. Das entspricht dem allgemeinen Trend, mit Programmen eine Hilfe anzubieten, selbst wenn diese nicht alle Anwenderprobleme überdeckt. Es ist also kein Fehler des Programms, wenn einige generierte Files nachträglich vom Nutzer zu überprüfen sind. Tatsächlich werden die meisten Files in ihrer Semantik völlig korrekt überführt. Dessenungeachtet müssen wir uns hier auf die derzeit bekannten Probleme konzentrieren. Dazu untersuchen wir die Konvertierung der einzelnen Filetypen.
Beim Transport aus dem Betriebssystem CP/M dürfen die Filenamen keine Sonderzeichen enthalten! Kommandofiles mit der Namenserweiterung *.cmd* müssen in die Erweiterung *.prg* umbenannt werden.

## Datenbankfiles

Eine Konvertierung der *.dbf*-Files ist erforderlich, da die internen Strukturen in dBase II und dBase III unterschiedlich sind. Enthalten die Daten des Datenbankfiles keine Umlaute oder andere Sonderzeichen und wird für logische Konstanten immer T, t, F oder f verwendet, so ist die Konvertierung korrekt. Werden **Umlaute** verwendet, so ist deren Konvertierung von ihrer Darstellung in dBase II abhängig. In jedem Fall erfolgt keine Konvertierung des internen Kodes dieser Zeichen. Ihre Darstellung in dBase III ist damit meist nicht korrekt. So benutzen einige 8-Bit-Versionen die Kodes der Zeichen { | } [ \ ] ~, also 7B, 7C, 7D, 5B, 5C, 5D, 7E, zur Darstellung der Zeichen ä, ö, ü, Ä, Ö, Ü, ß. Das entspricht den möglichen nationalen Abwandlungen des 7-Bit-ASCII-Kodes. In dBase III erscheinen jedoch die zuerst aufgeführten Zeichen.
Ferner existieren 16-Bit-Versionen von dBase II, die eine programminterne Darstellung dieser Zeichen verwenden. ä, ö, ü, Ä, Ö, Ü, ß haben dort die internen Kodes D4, E4, D1, DE, E9, EA, F9, was in dBase III den Zeichen von Satz 3 in Bild 1 entspricht. Ist eine nachträgliche Konvertierung im Direktmodus zu aufwendig, so bieten sich zwei Wege an. In jedem Fall ist ein eigenes Konvertierungsprogramm erforderlich, welches die internen Kodes umwandelt. Da es in Turbo-Pascal oder C leicht zu erstellen ist, verzichten wir hier auf die Angabe. Vielmehr steht die Frage, auf welches File dieses Programm anzuwenden ist? Auf ein dBase II- oder ein dBase III-Datenbankfile (.dbf)? In beiden Fällen darf der Kopf des Datenbankfiles nicht konvertiert werden. Da der Kopf eines dBase III-Datenbankfiles von der Anzahl der Felder im Datenbankfile abhängt, muß der Datenanfang erst ermittelt werden. Er errechnet sich aus

$$32 + n * 32 + 2,$$

wobei n die Anzahl der Felder im Datenbankfile ist. Der interne Aufbau eines dBase III-Datenbankfiles ist in /1/ dokumentiert. In dBase II hat der Kopf eines Datenbankfiles die konstante Länge von 512 + 8 Byte, das heißt, das erste Datenbyte, und damit das erste zu konvertierende Byte, hat vom Fileanfang die Verschiebung 520. Ein weiterer Ausgangspunkt für die Konvertierung der Umlaute im Datenbankfile kann ein Textfile sein. Es kann ohne die Kenntnis interner Dateistrukturen vom ersten bis zum letzten Byte konvertiert werden. Es wird in dBase II erzeugt durch

**COPY TO ⟨file⟩ SDF**

Das Einlesen als dBase III-Datenbankfile erfolgt mit

**APPEND FROM ⟨file⟩ SDF,**

wobei zuvor ein leeres Datenbankfile mit der durch das Textfile gegebenen Struktur erzeugt und benutzt wird (CREATE, USE).
**Umlaute** und Sonderzeichen sind offenbar

1) Teile der hier dargelegten Untersuchungen wurden in einer studentischen Arbeit von Thomas Ganschow und Astrid Schulz erbracht.

```
. USE mp1
* Durch das Konvertierungsprogramm erzeugtes File
. LIST

 Satz #  ARTIKEL          PREIS AM_LAGER GELIEFERT BEM
      1  Butter            2.40 .T.       12.02.89  Sorte 1
      2  Brot              1.05 .T.       08.03.88
      3  ╘Σ╤▌θΩ·           0.00 .F.       29.02.89  Test Datum/Umlaute
. MODIFY STRUCTURE
     .... ändern des Typs des Feldes 'geliefert' in 'Datum'
     3 Sätze addiert
* Nach der Typänderung wurde auch der 29.2.89 in den 1.3.89
* umgewandelt
. LIST

 Satz #  ARTIKEL          PREIS AM_LAGER GELIEFERT BEM
      1  Butter            2.40 .T.       12.02.89  Sorte 1
      2  Brot              1.05 .T.       08.03.88
      3  ╘Σ╤▌θΩ·           0.00 .F.       01.03.89  Test Datum/Umlaute
```

*Bild 1 Typkonvertierung und Darstellung der Umlaute*

```
. DISPLAY STRUCTURE

Strukturdaten für Datei: C:MP1      .DBF
Anzahl der Sätze:   00003
Datum der letzten Aktualisierung: 11/13/88
Primäre Datei
Feld        Name       Typ  Länge   Dez.st.
001       ARTIKEL       C    010
002       PREIS         N    008      002
003       AM:LAGER      L    001
004       GELIEFERT     C    008
005       BEM           C    020
** Gesamt **                00048

. LIST

00001  Butter               2.40 .T. 12.02.89 Sorte 1
00002  Brot                 1.05 .T. 08.03.88
00003  äöüÄÖÜß              0.00 .F. 29.02.89 Test Datum/Umlaute
```

*Bild 2 dBase II-Datenbankfile mp1.dbf*

bei Feldern vom Typ *character* (Zeichen) von Bedeutung. Felder vom Typ *numeric* werden ohne Beanstandungen konvertiert. Felder vom Typ *logical* werden dann falsch konvertiert, wenn als Feldinhalt in einer deutschsprachigen dBase II-Version *J* oder *j* vorkommt. Dieser Wert wird in den undefinierten logischen Wert *?* konvertiert. Er wird sichtbar, wenn der betreffende Satz über EDIT oder CHANGE betrachtet wird. Als logischer Wert wird *F* für FALSE geliefert. *Y* und *y* werden dagegen semantisch korrekt in *T* (TRUE) überführt. *T*, *t*, *F* und *f* werden übernommen, was ein weiterer Grund dafür ist, bei der Datenerfassung nur diese als logische Konstanten zu verwenden.
Ist der Übergang zu den in dBase III neuen Typen *date* (Datum) und *memo* möglich? Das Konvertierungsprogramm berücksichtigt derartige Typtransformationen nicht. Eine Lösung kann deshalb nur in dBase III gesucht werden. Für den Fall der **Memo-Felder** ist die Antwort schnell gegeben: Es gibt keine Möglichkeit, Memo-Feldern im sequentiellen Modus Inhalte zuzuweisen, das heißt, die Konvertierung ist nicht möglich.
Zur Umwandlung einer Zeichenkette in den **Typ Datum** betrachten wir das dBase II-Datenbankfile *mpf.dbf* (16-Bit-Version 2.41), dessen Struktur und Inhalt im Bild 2 wiedergegeben ist. Der letzte Satz des Files soll die Darstellung der Sonderzeichen veranschaulichen. Nach der Konvertierung erhalten wir den im Bild 1 im oberen Teil dargestellten Inhalt. Über MODIFY STRUCTURE wird der Typ des Feldes *geliefert* in *Datum* geändert. Es erfolgt eine korrekte Konvertierung der Datumswerte (Zeichen) in Werte des Typs *Datum* von dBase III. Die Einhaltung der Datumsgrenzen für die Tage und Monate wird überprüft.
Aus Bild 1 ist ferner ersichtlich, daß der **Feldname** *am:lager* korrekt in *am_lager* verändert wurde. Probleme entstehen, wenn der Transport einer Feldbezeichnung in einem Datenbankfile erfolgt. Solche Datenbankfiles können mit COPY STRUCTURE EXTENDED erstellt werden (Bild 3). Für das Konvertierungsprogramm sind diese Datenbankfiles nicht von anderen unterscheidbar, das heißt, der Doppelpunkt in Feldnamen wird nicht konvertiert (Bild 4). Soll dieses File dann in dBase III zur Definition eines Datenbankfiles benutzt werden (CREATE FROM ⟨file⟩), so wird ein falscher Feldname erkannt.

## Kommandofiles

Die Konvertierung der Kommandofiles bereitet die meisten Probleme. Das ist dadurch bedingt, daß sich nicht nur die Bezeichnungen einiger Funktionen verändert haben, sondern daß auch semantische Änderungen in den Kommandos vorgenommen wurden. Nach der Konvertierung jedes Kommandofiles erscheint eine Mitteilung, die auf mögliche Fehler hinweist. Nachweisbar können aber auch dann Fehler im erzeugten Kommandofile enthalten sein, wenn eine einhundertprozentig erfolgreiche Konvertierung mitgeteilt wird. Betrachten wir die Unterschiede im einzelnen.
Wird eine Zeichenkette über **ACCEPT** angefordert und als Eingabe die ENTER-Taste betätigt, so liefert sie ein Leerzeichen in dBase II, die leere Zeichenkette in dBase III:

```
* dBASE II: Ein ':' wird selbständig an die An-
* forderungszeichenkette (prompt) angefügt
. ACCEPT ":" TO m
::                  ((es wurde ENTER eingegeben))
. DISPLAY MEMORY
M                  (C)
** Gesamt ** 01 Variablen benutzt
              0002 Bytes belegt
. ? LEN(m)
    1
* ... und in dBASE III
. ACCEPT ":" TO m
:
. DISPLAY MEMORY
M                  lokal (priv) C ""
     1 Variable definiert       2 Bytes benutzt
255 Variable verfügbar,  5998 Bytes verfügbar
```

**LOCATE** liefert beim Gültigkeitsbereich ALL und erfolgloser Suche in dBase II als aktueller Satznummer (#) die Nummer des logisch letzten Satzes.

```
. USE mp1
. LOCATE FOR artikel="Milch"
Dateiende erreicht
. ? #, EOF()
            3 .T.
. ? artikel,preis, am:lager, geliefert
äöüÄÖÜß       0.00 .F. 29.02.89
```

In dBase III liefert die gleiche Anweisung die physisch höchste Satznummer plus 1 und beim Zugriff auf die Felder die zum jeweiligen Typ gehörigen Initialisierungswerte.

```
. USE mp1
. LOCATE FOR artikel="Milch"
Ende des LOCATE-Bereiches
. ? RECNO(), EOF()
            4 .T.
. ? artikel, preis, am_lager, geliefert
            0.00 .F.  .  .
```

Geht ein Programm in dBase II davon aus, daß die Daten des letzten Satzes nach einem erfolglosen LOCATE verfügbar sind, so führt das zu einem bei der Konvertierung nicht erkennbaren Fehler.
Ein erfolgloses **FIND** liefert in dBase II für den Datensatzzeiger 0 und die Daten des logisch ersten Satzes.

```
. INDEX ON artikel TO artikel
00003 Sätze indiziert
. USE mp1 INDEX artikel
. FIND "Milch"
Wert nicht gefunden
. ? #, EOF
          0 .F.
. ? artikel, preis, am:lager, geliefert
Brot        1.05 .T. 08.03.88
```

In dBase III liefert der Datensatzzeiger die physisch letzte Satznummer plus 1, EOF() ist TRUE, und der Zugriff auf die Felder führt zur Ausgabe der Initialisierungswerte.

```
. USE mp1
. COPY STRUCTURE EXTENDED TO mp1s2
00005 Sätze kopiert
. USE mp1s2
. LIST
00001   ARTIKEL      C    10    0
00002   PREIS        N     8    2
00003   AM:LAGER     L     1    0
00004   GELIEFERT    C     8    0
00005   BEM          C    20    0
```

*Bild 3 Strukturfile in dBase II*

```
. USE
. USE mp1s2
. LIST
 Satz #  FIELD_NAME FIELD_TYPE FIELD_LEN FIELD_DEC
      1  ARTIKEL    C                010       000
      2  PREIS      N                008       002
      3  AM:LAGER   L                001       000
      4  GELIEFERT  C                008       000
      5  BEM        C                020       000
. USE
. CREATE mp2 FROM mp1s2
Unzulässiger Feldname-- im Feld gefunden     3
* ':' im dritten Satz wird durch '_' ersetzt
. CREATE mp2 FROM mp1s2
. LIST STRUCTURE
Datenbankstruktur          - C:mp2.dbf
Anzahl der Datensätze      -      0
Letztes Änderungsdatum - 15.11.88
Feld    Feldname     Typ        Länge    Dez
   1    ARTIKEL      Zeichen       10
   2    PREIS        Numerisch      8      2
   3    AM_LAGER     Logisch        1
   4    GELIEFERT    Zeichen        8
   5    BEM          Zeichen       20
** Gesamt **                       48
```

*Bild 4 Erstellen eines Datenbankfiles aus einem Strukturfile* ▶

```
. INDEX ON artikel TO artikel
        3 Sätze indiziert
. USE mp1 INDEX artikel
. FIND Milch
Nicht gefunden
. ? RECNO(), EOF()
        4 .T.
. ? artikel, preis am_lager, geliefert
        0.00 .F.  . .
```

Das Konvertierungsprogramm konvertiert deshalb Kommandofolgen der Art

```
FIND xyz
DO WHILE # = 0
```

in

```
*!! EOF() will be true if NO FIND, and RECNO()
*will equal BOTTOM, not 0
FIND xyz
DO WHIL (EOF() .OR. BOF())
```

Die Zeichen *!! leiten Kommentare ein, die beim Konvertieren hinzugefügt wurden.

**Logische Konstanten** werden in dBase II ohne Punkte, also nur als **N**, **T** usw. geschrieben. Dadurch können auch Speichervariablen, die nur Zeichen enthalten, als logischer Ausdruck verwendet werden. Betrachten wir dazu die Kommandofolge:

```
STORE N TO control
DO WHILE control
...
```

Sie wird konvertiert in

```
* !! Logical constant converted
STORE .N. TO control
DO WHILE control
...
```

In diesem Fall ist die Konvertierung korrekt. Betrachten wir ferner:

```
STORE N TO answer
...
INPUT "(Y/N)" TO answer
IF answer
...
```

INPUT in dBase III verlangt, logische Konstanten gemäß den Festlegungen, also in Punkte eingeschlossen, einzugeben. Das Prompt wird dadurch inhaltlich falsch, was aus der Sicht der Nutzeroberfläche als Fehler erscheint.

```
* !! Logical constant converted
STORE .N. TO answer
...
* !! There will be no automatic colon following
* this prompt string
INPUT "(Y/N)" TO answer
IF answer
...
```

Die meisten Probleme treten bei der Benutzung von **Speichervariablen** auf. Eine Speichervariable ist in dBase II global, das heißt, sie ist in allen Kommandofiles und auf der Dialogebene gültig. In dBase III ist eine Speichervariable lokal in dem File, in dem sie deklariert wird. Sie ist so lange gültig, bis das betreffende Kommandofile (Prozedurfile) abgeschlossen wird (CLOSE PROCEDURE, SET PROCEDURE oder RETURN aus einem Kommandofile). Bei der Konvertierung werden alle Variablen zu lokalen Variablen. Es wird eine erfolgreiche Konvertierung gemeldet. Bei der Abarbeitung der Kommandofiles kann es zu Fehlermeldungen durch den Interpreter von dBase kommen, etwa der Art

```
Variable not found
        ?
IF MADZAHL = 0
```

```
j
Mikroprozessortechnik
n
j
n
20,artikel
Artikel
10,preis
>Preis
n
12,geliefert
<Lieferdatum
```

***Bild 5** dBase II-Format-File für Berichte*

```
. USE mp1
. REPORT FORM mp1

      Seitennr.      1
      15.11.88
                              Mikroprozessortechnik

      Artikel                 >Preis <Lieferdatum


      Butter                        2 12.02.89
      Brot                          1 08.03.88
      ьΣ┬▐θΩ·                       0 01.03.89
```

***Bild 6** Bericht bei Benutzung eines konvertierten REPORT-Format-Files*

*MADZAHL* ist in diesem Beispiel eine Speichervariable, der in einem anderen Kommandofile ein Wert zugewiesen wurde. Für das aufgerufene Kommandofile ist die Variable *MADZAHL* undefiniert und die Fehlermeldung berechtigt. Die hier beschriebene Situation tritt bei der Konvertierung des *Adreßbeispiels* auf, das als Demonstrationsbeispiel zur Version 2.3B geliefert wurde.

Es können aber auch Fehler entstehen, die nicht zur Abarbeitung gemeldet werden. Dazu betrachten wir das folgende Beispiel: Gegeben sind zwei Kommandofiles *c1.prg* und *c2.prg* . In *c1* wird einer Variablen *option* ein Anfangswert zugewiesen. In *c2* wird dem Nutzer im Dialog die Möglichkeit gegeben, Optionen zu setzen. Das führt intern unter Umständen zur Veränderung der Variablen *option*. Nach der Rückkehr aus *c2* wird in *c1* mit den nunmehr aktuellen Werten weitergearbeitet. In dBase II arbeitet dieses Programm wie beschrieben. In dBase III wird bei der Abarbeitung kein Fehler gemeldet, denn der Variablen *option* wird in *c2* möglicherweise ein Wert zugewiesen. Es wird nicht, wie im ersten Beispiel, auf einen Wert zugegriffen. Da *option* in *c1* und *option* in *c2* verschiedene Variable sind, gelangt der in *c2* eingelesene Wert nie nach *c1*, so daß in *c1* immer mit der Voreinstellung aus *c1* gearbeitet wird. Derartige Fehler sind, besonders in fremden Programmen, schwer zu finden.

In den meisten Fällen hilft die Vereinbarung der global benötigten Variablen als *PUBLIC* in allen betroffenen Files.

## REPORT-FILES

**Berichtsformate** unterscheiden sich in der Positionierung der Spaltenüberschriften. dBase II gestattet eine Zentrierung, eine links- oder rechtsbündige Anordnung. Dazu werden die Überschriften mit dem Zeichen < für linksbündig und > für rechtsbündig eingeleitet. Diese Zeichen werden nicht konvertiert. Sie erscheinen in den Überschriften der dBase III-Berichte.

**Logische Konstanten** werden auch in Report-Files von dBase II abgelegt. Auch hier wird ein *J* aus deutschsprachigen dBase II-Versionen nicht korrekt konvertiert, wodurch die gesamte Berichtsform durcheinander gerät. Bild 5 zeigt als Beispiel ein Report-File, in dem die Frage nach der Seitenüberschrift mit *j* beantwortet wurde. Das Konvertierungsprogramm meldet den Fehler **Warning – REPORT FORM EMPTY**, was offenbar falsch ist. Ändert man alle logischen Konstanten *j* im Report-File vor der Konvertierung in *y*, so wird das File fehlerfrei konvertiert. Bild 6 zeigt den unter dBase III erzeugbaren Bericht.

## Memory-Files und Bildschirmmasken

Beide Filetypen (*.mem, .fmt*) konnten in allen getesteten Fällen korrekt konvertiert werden. Für Bildschirmmasken, die nur aus Kommentaren und @-Kommandos bestehen und keine Formatklauseln (USING, PICTURE) enthalten, ist keine Konvertierung erforderlich.

## Indexfiles

**Indexfiles** werden nicht direkt konvertiert. Aus dem dBase II-Indexfile wird der Indexausdruck entnommen und in das Kommando INDEX ON <ausdr> TO <indexfile> eingesetzt. Es bildet den Inhalt eines Kommandofiles mit der Namenserweiterung *.rx.*, welches für jedes zu konvertierende Indexfile erstellt wird. Unter dBase III sind diese Kommandofiles anzuarbeiten.

**Literatur**

/1/ Grafik, W.: dBASE III. Berlin: Verlag Technik; in Vorbereitung

✉ KONTAKT ☎

Humboldt-Universität Berlin, Sektion Mathematik, Bereich IV, PSF 1297, Berlin, 1086; Tel. 2093 2348

*Zeichnung: Steger*

Na, Meister, wieviel Anschläge pro Minute schaffen wir denn schon beim Programmieren?

# Automatische Generierung von BASIC-INLINE-POKEs

**Christian Hanisch, Berlin**

*Unsere Beitragsfolge „Werkzeuge zur hardwarenahen Programmierung in höheren Programmiersprachen auf 8-Bit-Computern", die wir in MP 10/1988 begannen und in 11/1988 fortsetzten, behandelt in ihrem dritten Teil die automatische Generierung von BASIC-INLINE-POKEs.*
*INLINE-Assembler ist in der Praxis der Anwendung höherer Programmiersprachen bei Personalcomputern zum Hilfsmittel betriebssystem- und/oder hardwarenaher Problemlösungen (hrp=hardware related programming /1/) geworden. Für Turbo-Pascal z. B. steht mit dem Programm PMLINK /2/ eine gute Variante der INLINE-Routinen-Generierung zur Verfügung.*
*Auch Basic-80-Programme können durch Assemblerunterprogramme sowohl bezüglich Effizienz als auch in ihrem Anwendungsspektrum wesentlich erweitert werden. Die Methode der „gepokten" Assemblerbefehle ist in vielen Basic-Dialekten unterstützt und sowohl im Interpreter- als auch im Compilersystem anwendbar.*

Ausgangsbasis der hier dargelegten Methode ist eine COM-Datei. Das hat den Vorteil, daß neben reinen Assemblerroutinen z. B. ebenfalls *kleine* Fortran-Unterprogramme unter anderem über einen Aufrufvermittler, mit dem eventuell einige Parameteranpassungen realisiert werden, entsprechend Bild 1 zusammengelinkt und in BASIC-INLINE-POKEs umgewandelt bzw. mit dem hier vorgestellten RUN-Time-Lader (Bild 6) geladen werden können.
Die Fortran-Subroutine FROUT.REL kann damit in FROUT.OVX eingebunden als Unterprogramm ab der Adresse 0A500H benutzt werden.

**Anmerkung:** Im Basic-Compilersystem, z. B. mit dem Rahmenprogramm FROUTASS, wird dagegen FROUT so eingebunden:

```
B>:BASC FROUTASS, TTY:=FROUTASS/N/E/X<CR>
B>A:BASLINK FROUTASS/N, FROUTASS, A:BASLIB/S,
[/P:A500,] [ASSVER,]FROUT, A:FORLIB/S/E<CR>
```

Die Transformation von internem Binärcode aus einer COM-Datei in eine „INCLUDE"-Datei für Basic-80, die man mit einem Textverarbeitungsprogramm (z. B. dem Editor von Turbo-Pascal) als GOSUB-Routine einfügen kann, wird in dem nachfolgend mitgeteilten Turbo-Pascal-Programm YPOKEBAS realisiert.
Als Anwendungsbeispiel soll in /3/ mittels YPOKE als dBase II-INLINE-Routine gezeigte Assemblerunterprogramm SPACE.CMD dienen. Mit diesem Unterprogramm können der noch verfügbare Speicherplatz bzw. die noch freien DIRectory-Entries auf der Diskette des im Parameter mitgeteilten Laufwerkes für eine Aufzeichnungsblockgröße von 1 oder 2 KByte ermittelt werden. Die Kenntnis dieser Angaben zur RUN-Time ist für viele Anwendungen im Zusammenhang mit Dateiarbeit nützlich. Das Basic-Demonstrationsprogramm SPACEDMO allein schon ist zur wahlweisen Anzeige des noch freien Platzes auf Diskette und im DIRectory eines beliebigen Laufwerkes analog dem STAT-Kommando unter CP/M mit einer weiteren Information einsetzbar.
Das Beispiel ist mit dem Startprogramm EXEC aus /3/ soweit abgestimmt, daß SPACEDMO auch unter EXEC laufen könnte.
Der Basic-Quelltext im Bild 3 gibt zusätzlich einige weniger bekannte interne Informationen bezüglich der Probleme bei Parameterübergabe an Unterprogramme.
Die Ladeadresse sei im Assemblerunterprogramm auf 0A40FH (41999) festgelegt. Die Form der Parameterübergabe ist für jeden Anwendungsfall geeignet festzulegen. Hier werden aus Kompatibilitätsgründen die dBase II-Konventionen benutzt.
Das Testen vor der Umwandlung in BASIC-INLINE-POKEs würde im Interpretermodus wie in Bild 4 dargestellt ablaufen.
Hier würde sich dann anschließen:

```
B>A:YPOKEBAS SPACE.OVX SPACE.BAS<CR>
```

Die Datei SPACE.BAS enthält unter den obengenannten Voraussetzungen die Basic-Data-Anweisungen und INLINE-POKEs für das Unterprogramm (GOSUB-Routine SPACE.BAS). Die Anwendung des SPACE-Unterprogramms zeigt das im Bild 3 mitgeteilte Demonstrationsprogramm SPACEDMO.BAS.

Den Quelltext des Turbo-Pascal-Programms YPOKEBAS.PAS enthält das Bild 5.
Falls die mit YPOKEBAS erstellte Folge von DATA-Anweisungen und POKE-Befehlen einen größeren Umfang annimmt, kann die hier vorgestellte Methode aus Speicherplatzgründen vom Interpreter nicht mehr bewältigt werden. Dieser Fall trifft unter anderem bei der zu Beginn erwähnten Fortran-Applikation FROUT.OVX (19 * 128 Byte) zu.
In diesem Falle bietet sich eine Methodik der dynamisch nachladbaren externen Unterprogramme an. Eine für YPOKEBAS als Grundlage dienende COM-Datei, hier z. B. SPACE.OVX oder FROUT.OVX, kann dynamisch zur RUN-Time aus dem Basic-Programm heraus auf die Ladeadresse (z. B. 0A40FH bzw. 0A500H) nachgeladen werden.
Dazu benötigt man einen **RUN-Time-Lader,** der selbst auch als Assemblerunterprogramm ausgelegt ist, welcher mit YPOKEBAS als DATA-Befehlsfolge – wie bereits beschrieben – integriert werden kann. Weitere Unterprogramme können als OVX-Dateien von Diskette je nach Bedarf – auch in dynamischer Überlagerungsstruktur – nachgeladen werden.
Für ein nach den Methoden der strukturierten Programmierung konzipiertes Programmpaket haben dynamisch nachladbare Unterprogramme – es ist hier an betriebssystem- und/oder hardwarenahe Assembler-Komponenten gedacht – bezüglich Programmwartung und Portabilität wesentliche Vorteile.
Ein nicht seriell wiederverwendbarer **RUN-Time-Lader** XPOLAD.MAC ist in Bild 6 gezeigt.
Dem interessierten Leser wird empfohlen, diesen Assemblerquelltext nach den obigen Ausführungen mit YPOKEBAS in eine GOSUB-Routine XPOLAD.BAS zu überführen. Dazu müssen die Zeilen 1000 bis 1014 des Bildes 2 durch die GOSUB-Routine XPOLAD.BAS und die Zeile 100 des Bildes 3 durch:

```
100 GOSUB 1000
101 XPOLAD=92
102 DSN$="SPACE OVX":LAD%=&HA40F:
  <<^PJ>> EAD%=LAD%+(5+1)*128
103 IF EAD%>=PEEK(7)*256+PEEK(6) <<^PJ>>
  THEN PRINT "CANCEL because Kill BDOS":END
104 CALL XPOLAD (DSN$, LAD%, EAD%)
105 IF LAD%=0 OR EAD%=0 THEN <<^PJ>>
  PRINT "Error→ CANCEL": END
```

ersetzt werden.
Im Basic-Compilersystem wird XPOLAD im CALL-Statement als externe Referenz vom

*Bild 1 Arbeitsschritte zur Erstellung eines für BASIC-INLINE-POKEs bzw. zur RUN-Time-Nachladung vorbereiteten COM-Files am Beispiel von Fortran-80*

```
B>A:F80 FROUT,TTY:=TTY:/N<CR>
      subroutine FROUT(X)
      integer X
      real Y
      Y=X
      X=sqrt(Y)
      return
      end
<<^Z>>
B>A:M80 ASSVER,TTY:=TTY:/Z/X<CR>
        .phase 0A500h
        extrn FROUT
ASSVER:: call  FROUT
        ret
        end
<<^Z>>
B>A:L80 /P:A500,ASSVER.REL,<<^E>>
FROUT.REL,A:FORLIB.REL/S,/E<CR>
B>A:POWER SAVE FROUT.OVX A500 19<CR>
```

*Bild 2 Assemblerunterprogramm SPACE.BAS als BASIC-POKEs generiert mit YPOKEBAS*

```
1000 REM SPACE.BAS vom: 02.03.88
1001 REM Generiert mit YPOKEBAS aus der Datei: SPACE.OVX
1002 REM Aufruf im Anwendeprogramm ( %INCLUDE SPACE.BAS ):
1003 REM <Zeile> [GOSUB 1000:] <name>=&HA40F:
 CALL <name> [(<Arg.-Liste>)]
1004 DATA 229,17,188,165,1,5,0,237,176,58,4,0,50,204,165,230,
15,14,13,205,5,0,58,188,165,225,254,5,210,173,165,254,4,218,
173,165,229,42,190,165,17,32,32,237,82,225,202,231,164,35,34,
202,165,126,203,175,214,65,230,15,95,14,14,205,5,0,14,31,205,
5
1005 DATA 0,17,7,0,25,78,35,70,3,237,67,195,165,33,0,0,34,197,
165,34,193,165,17,241,165,14,26,205,5,0,62,63,50,209,165,17,
      ...                        ...                  ...
1011 DATA 0,0,0,0,0,0,0,0,0,0,0,0,0,0,0,0,0,0,0,0,0,0,0,0,0,0,
0,0,0,0,0,0,0,0,0,0,0,0,0,0,0,0,0,0,0,0,0,0,0,0,0,0,0,0,0,
0,0,0,0,0,0,0,0,0,0,0,0,0,0,0,0,0,0,0,0,0,0,0,0,0,0,0,0,0,
0,0,0,0,0,0,0,0,0,0,0,0,0,0,0,0
1012 RESTORE 1004
1013 FOR I1004%=0 TO 639:READ P1004%:
 POKE &HA40F+I1004%,P1004%:NEXT I1004%
1014 RETURN
```

```
5 REM "SPACEDMO.BAS"                              Datum: Ø3.Ø2.88
6 REM Demostrationsprogramm fuer den Einsatz
7 REM der mit   YPOKEBAS.COM    erstellten
8 REM POKEd-Assemblerroutine zum Auslesen des noch
9 REM freien Speicherplatzes / freie DIRectory-Entries
1Ø REM auf der Diskette des Arbeitslaufwerkes <d>.
11 REM Parameter-/Ergebnis-Uebergabe:
12 REM     store "B"+"DIR" to  Mparm
13 REM z.B.  ¦Ø4¦42¦44¦49¦52¦   ---> ¦Ø4¦2Ø¦31¦33¦36¦
14 REM A>MBASIC B:SPACEDMO/M:&HA4ØE<CR>
1ØØ GOSUB 1ØØØ  ' Assemblerroutine --> 41999 poken
11Ø PRINT CHR$(12)+CHR$(27)+CHR$(14Ø)+CHR$(128);
12Ø PRINT "ENTER Arbeitslaufwerk ('<d>')  A..P  ===>";
13Ø A$=INPUT$(1):I%=ASC(A$):IF I%>95 THEN A$=CHR$(I% AND 95)
14Ø PRINT CHR$(27)+CHR$(129)+CHR$(14Ø)+"Arbeitslaufwerk ";
15Ø PRINT A$: PRINT CHR$(27)+CHR$(131)+CHR$(135)+"===> ";
16Ø PRINT "Freier Platz auf Diskette im Arbeitslaufwerk:"
3ØØ ASSUP5=-23537          ' ( Entry: &HA4ØF entspricht 41999 )
4ØØ REM Die Zuweisung ASSUP5=&HA4ØF wird in CONECT erledigt
41Ø REM Echte Adresse von A$ nach AAM% aufbereiten:
42Ø   AAM%=Ø
43Ø   AA%=VARPTR(AAM%)
44Ø   poke AA%, peek(VARPTR(A$)+1)
45Ø   poke AA%+1,peek(VARPTR(A$)+2)
46Ø AXD%=&HFØ     ' Die Parameter werden ab 24Ø abgelegt
47Ø poke AXD%,&HØ4            ' Laenge  nach 24Ø  ablegen
48Ø poke AXD%+1,peek(AAM%) ' Lw.  nach    241  ablegen
49Ø poke AXD%+2,&H2Ø: poke AXD%+3,&H2Ø
5ØØ poke AXD%+4,&H2Ø ' Drei Blanks --> 242-244 ablegen
51Ø GOSUB 8ØØ
52Ø AYD%=&HF2  ' Zum Abholen des Ergebnisses ab 242-244
53Ø MPARM$=CHR$(peek(AYD%))+CHR$(peek(AYD%+1))
535 MPARM$=MPARM$+CHR$(peek(AYD%+2))
54Ø PRINT:PRINT "F r e i e  K a p a z i t a e t  auf Lw. ";
545 PRINT CHR$(134)+A$;
55Ø PRINT CHR$(132)+": "+MPARM$+CHR$(134)+" KByte"+CHR$(132)
56Ø REM MPARM erneut aufbereiten fuer naechsten Aufruf:
57Ø poke AXD%,&HØ4
58Ø poke AXD%+1,peek(AAM%)
59Ø poke AXD%+2,&H44: poke AXD%+3,&H49: poke AXD%+4,&H52
6ØØ DEF USR1=&HEØ
61Ø IF peek(&HA4ØF)=229 THEN  X%=USR1(Ø) ELSE GOSUB 8ØØ
62Ø REM Falls ASSUP5 auf ØA4ØFh steht, enthaelt X% spaeter
63Ø REM die Zahl 239 bzw. beim Interpreter wieder Ø.
64Ø REM Der Intgerpreter weist stets das Argument zu, d.h.
65Ø REM X%=USR1(55) ist identisch mit X%=55.
66Ø MPARM$=CHR$(peek(AYD%))+CHR$(peek(AYD%+1))
665 MPARM$=MPARM$+CHR$(peek(AYD%+2))
67Ø PRINT CHR$(13)CHR$(1Ø);
68Ø PRINT "Anzahl freier DIRECTORY-Entries auf Lw.  ";
685 PRINT A$+" : "+MPARM$+CHR$(13)CHR$(1Ø)
7ØØ PRINT: PRINT "Programm beenden    (j/N) ? ";
71Ø B$=INPUT$(1)
72Ø IF B$="J" OR B$="j" THEN END ELSE GOTO 11Ø
73Ø REM  ===========  Programm-Ende ==========
8ØØ CONECT=&HEØ     ' Routine auf 224 poken
81Ø poke &HEØ,&H21: poke &HE1,&HFØ: poke &HE2,&HØØ
82Ø poke &HE3,&HE5
83Ø poke &HE4,&HCD: poke &HE5,&HØF: poke &HE6,&HA4
84Ø poke &HE7,&HE1: poke &HE8,&H2B: poke &HE9,&HC9
85Ø   REM  ld hl,ØFØh ; 24Ø --> hl
86Ø   REM  push hl
87Ø   REM  call ØA4ØFh
88Ø   REM  pop hl
89Ø   REM  dec hl
9ØØ   REM  ret
91Ø CALL CONECT
92Ø RETURN
93Ø REM Hier die Datei SPACE.BAS einbinden, die aus der
94Ø REM Datei  SPACE OVX  mit  YPOKEBAS  erstellt wurde
95Ø REM (Einkopieren z.B. mit WordStar <<<^KR>> ).
96Ø REM Die benoetigte Assemblerroutine kann auch mit:
97Ø REM B>A:EXEC SPACEDMO.BAS/M:&HA3FF<CR>
98Ø REM und "MBASIC" anstelle "DBASE" geladen werden.
1ØØØ REM SPACE.BAS vom: Ø3.Ø2.88
1ØØ1 REM Generiert mit YPOKEBAS aus der Datei: SPACE.OVX
       ...     SPACE.BAS aus Bild 1      ...
1Ø13 FOR I1ØØ4%=Ø TO 639:READ P1ØØ4%:
 POKE &HA4ØF+I1ØØ4%,P1ØØ4%:NEXT I1ØØ4%
1Ø14 RETURN
```

*Bild 3 Demonstrationsprogramm für INLINE-POKEs "SPACE.BAS"*

```
B>A:M8Ø<CR>
* SPACE,SPACE=SPACE.MAC/Z/X/M/C<CR>
B>A:L8Ø /P:A4ØF,SPACE/E<CR>
B>A:MBASIC  /M:41998<CR>
load "B:SPACEDMO"
run
 ...
system
B>A:POWER SAVE SPACE.OVX A4ØF 5<CR>
```

*Bild 4 Bild 4 Test vor der Umwandlung in BASIC-INLINE-POKEs*

```
PROGRAM YPOKEBAS;
(*****************************************************)
(* Fuer eine [Assembler-]COM-Datei wird eine POKE-Be-   *)
(* fehlsroutine fuer BASIC-8Ø erzeugt, die das Programm  *)
(* beim Aufruf mit GOSUB <zeile> als INLINE-Code auf die *)
(* LINK-Adresse, z.B. /P:A4ØF (41999), uebertraegt.      *)
(* Das Programm erfordert die TURBO-Version 3.ØØx.      *)
(*****************************************************)
(*$V- *)
CONST K1=' DATA ';
TYPE Hilftext  = STRING[8Ø];
      setofchar = SET OF CHAR;
VAR  f: FILE;  {INPUT : COM-Datei als Untyped File}
      p: TEXT;  {OUTPUT: dBASE-CMD-Datei }
      i,k,m,znr,nrblocks,oldlabel,
      newlabel,trmstr,nrbyte,intadr      : INTEGER;
      hpart,lpart                        : BYTE;
      Adr                                : REAL;
      znra,znra1,parkstr                 : STRING[6];
      Name1,Name2                        : STRING[14];
      Befehl                             : STRING[3];
      Datum                              : STRING[8];
      ZEILE                              : STRING[255];
      Puffer                             : ARRAY[Ø..127] OF BYTE;
      phase                              : hilftext;

(*--------------------------------------------------*)
FUNCTION HEX(I:BYTE):CHAR;
BEGIN  hex:=CHAR(48+i+7*ord(i>9)) END;
(*--------------------------------------------------*)
(*$I LIESWORD.INC                                    *)
(* Quelle Function lieszchn, Procedure lieswort:     *)
(* Albuschat, F.: Eingabe unter Turbo-Pascal. Muenchen: *)
(* Francis-Verlag, mc (1987)2  S. 62.                *)
(* ------------------------------------------------- *)
FUNCTION HEXIN: REAL;
CONST hexset: ARRAY[Ø..15] OF CHAR='Ø123456789ABCDEF';
VAR {phase: hilftext; <-- im Hauptprogramm }
     XP  : ARRAY[1..4] OF BYTE:  I,J : INTEGER;
BEGIN
  Writeln;
  REPEAT
    Write(' 4-stellige hexadezimale Ladeadresse'+
      ' (<Adr_HEX>): ',phase:4,#8#8#8#8);
    lieswort(['Ø'..'9','A'..'F','a'..'f'],4,phase);
  UNTIL length(phase)=4;
  FOR I:=1 TO 4 DO BEGIN
    phase[i]:=upcase(phase[i]):j:=Ø;
    WHILE hexset[j]<>phase[I] DO j:=succ(j);
    xp[i]:=j;
  END;
  HEXIN:=4Ø96.Ø*XP[1]+256.Ø*XP[2]+16.Ø*XP[3]+XP[4]
END;

(*-------------------- Hauptprogramm ------------------*)
BEGIN
  clrscr; phase:='A4ØF'; znr:=1ØØØØ;
  Writeln(#1Ø#1Ø#134+
  '[Assembler-]COM-File ---> BASIC-INLINE-POKEs'#132):
  Writeln(
  ' ==== 8ØØØ ========= V.m=3.Ø ================');Writeln;
  Writeln(' B>A:M8Ø <filename_REL>,<filename_PRN>='+
  '<filename_MAC>/M<CR>');
  Writeln(' B>A:L8Ø /P:<Adr_HEX>,<filename_REL>/E<CR>');
  Writeln(' B>A:POWER SAVE <filename_COM>.<type>'+
  '  <Adr_HEX>  <anz><CR>');gotoxy(1,1Ø);
  Writeln(#134'  B>A:YPOKEBAS   <filename_COM> '+
  ' <filename_BAS><CR>'#132);
  IF ParamCount<2 THEN BEGIN
    Writeln('*** Ein- und Ausgabedatei in der Aufruf'+
    'zeile angeben'#13#1Ø' ---> Noch einmal !'); HALT END
                   ELSE BEGIN
    Name1:=ParamStr(1); Name2:=ParamStr(2);
    IF POS('.',Name1)=Ø THEN Name1:= Name1+'.OVX';
    IF POS('.',Name2)=Ø THEN Name2:= Name2+'.BAS';
    {$I-} ASSIGN(f,Name1); RESET(f); {$I+}
    IF IORESULT<>Ø THEN BEGIN
      Writeln ('*** Eingabedatei ',Name1,
       ' nicht gefunden --> ABBRUCH !');HALT
    END
  END;
  nrblocks:=filesize(f);
  IF nrblocks=Ø THEN BEGIN
    writeln('*** Eingabedatei ist leer ---> CANCEL'); halt
  END;
  ASSIGN(p,Name2); REWRITE(p);
  GotoXY(16,1Ø);clreol;
  writeln(Name1:16,name2:16,#132);writeln;
  write(' aktuelles Datum (dd.mm.jj): ');
  Readln(Datum);
  adr:=hexin;  writeln;
  write(' Zeilennummer der BASIC-POKE-Routine (<=3ØØØØ)  : ');
  readln(znr);writeln;
  str(znr,znra1);
  zeile:=znra1+' REM '+name2+' vom: '+Datum;
  writeln(p,zeile);writeln(zeile);
  znr:=succ(znr);str(znr,znra);
  zeile:=znra+' REM Generiert mit YPOKEBAS aus der Datei: '+
  name1; writeln(p,zeile); writeln(zeile);
  znr:=succ(znr);str(znr,znra);
  zeile:=znra+' REM Aufruf im Anwenderprogramm'+
  ' ( %INCLUDE '+Name2+' ):';
  writeln(p,zeile);writeln(zeile);
  znr:=succ(znr);str(znr,znra);
  zeile:=znra+' REM <Zeile> [GOSUB '+znra1+':] <name>='+
    '&H'+phase+':'#$ØA#$ØD' CALL <name> [(<Arg.-Liste>)]';
  str(succ(znr),znra1);
  oldlabel:=Ø;
  nrbyte:=pred(nrblocks*128);
  str(nrbyte,parkstr);
  newlabel:=249;trmstr:=length(zeile);
  FOR i:=1 TO nrblocks DO BEGIN
    blockread(f,Puffer,1);
    m:=Ø;
    REPEAT
      k:=Puffer[m];
```

```
3         str(k,Befehl);
3         IF newlabel>248 THEN BEGIN
4               writeln(p,zeile);
4               writeln(copy(zeile,succ(oldlabel),trmstr));
4               znr:=succ(znr);str(znr,znra);oldlabel:=Ø;
4               zeile:=znra+k1+befehl END
3         ELSE IF trmstr>59 THEN BEGIN
4                Zeile:=Zeile+',';
4                write(copy(zeile,succ(oldlabel),SUCC(trmstr)));
4                oldlabel:=length(zeile);
4                zeile:=zeile+#$ØA#$ØD+befehl; END
3                           ELSE zeile:=zeile+','+befehl;
3         newlabel:=length(zeile); trmstr:=newlabel-oldlabel;
3         m:=succ(m);
3       UNTIL m=128;
2     END;
1     writeln(p,Zeile);
1     writeln(copy(Zeile,succ(oldlabel),trmstr));
1     znr:=succ(znr);str(znr,znra);
1     zeile:=znra+' RESTORE '+znra1;
1     writeln(p,zeile);writeln(zeile);
1     znr:=succ(znr);str(znr,znra);
1     Zeile:=znra+' FOR I'+znra1+'%=Ø TO '+parkstr+
1       ':READ P'+znra1+'%:'#$ØA#$ØD' POKE &H'+phase+
1       '+I'+znra1+'%,P'+znra1+'%:NEXT I'+znra1+'%';
1     Writeln(p,Zeile); Writeln(Zeile);
1     znr:=succ(znr);str(znr,znra);
1     zeile:=znra+' RETURN';
1     Writeln(p,zeile); Writeln(zeile);
1     CLOSE(p);
1     intadr:=round(ORD(adr>$7FFF)*-65535.Ø+adr);
1     Write(#13#1Ø'Das POKEd Unterprogramm steht ab: '+phase+
1       (',intadr,')'#13#1Ø'                                 bis: ');
1     adr:=adr+nrbyte;
1     intadr:=round(ORD(adr>$7FFF)*-65535.Ø+adr);
1     hpart:=hi(intadr);lpart:=lo(intadr);
1     write(hex(hpart SHR 4)+hex(hpart AND $ØF)+
1           hex(lpart SHR 4)+hex(lpart AND $ØF));
1     writeln('  (',intadr,')');
1     REPEAT UNTIL keypressed
1 END.
```

***Bild 5** Generierungsprogramm YPOKEBAS.PAS (erzeugt BASIC-INLINE-POKEs aus einem COM-File)*

***Bild 6** Basic-80-RUN-Time-Lader für externe Unterprogramme* ▶

```
      .z8Ø
      title XPOLAD.MAC  ( RUN-Time-Lader fuer BASIC-8Ø )
; B>A:M8Ø xpolad,lst:=xpolad/z/x/c/m<CR>
; B>A:L8Ø /P:CØØØ,xpolad/E<CR>  ( auf beliebige Adr. )
; B>A:POWER SAVE xpolad.ovx CØØØ 2<CR>
; B>A:YPOKEBAS xpolad.ovx xpolad.bas<CR>     ===> XPOLAD.BAS
; Aufruf:
; 1Ø GOSUB <Zeile von XPOLAD.BAS>  ( z.B. <Zeile>::= 1ØØØ )
; 11 XPOLAD=92   <Startadresse XPOLAD in BASE-Page ab 5Ch >
; 12 DSN$="SPACE   OVX"               ( genau 11 Zeichen )
; 13 LAD%=&HA4ØF: EAD%=LAD%+(5+1)*128
; 14 IF EAD%>=PEEK(7)*256+PEEK(6) THEN PRINT "Kill BDOS":END
; 15 CALL XPOLAD (DSN$,LAD%,EAD%)
; 16 IF LAD%=Ø THEN < Datei not found  ¦  LEN(DSN$)<>11 >
; 17 IF EAD%=Ø THEN < Datei zu gross >
; 18 REM Achtung: XPOLAD ist nicht seriell wiederverwendbar!
; 19 REM SPACE.OVX sei auf ØA4ØFh (41999) zu laden.
; Hinweis: Die Assemblerroutine SPACE.OVX wird folgender-
; =======  massen uebersetzt, gelinkt und abgelegt.
; B>A:M8Ø SPACE,LST:=SPACE/Z/X/C/M<CR>
; B>A:L8Ø /P:A4ØF,SPACE/E<CR>
; B>A:POWER SAVE SPACE.OVX A4ØF 5<CR>
          .phase 5Ch
XPOLAD::ld    (parm1),hl  ; Adr. DSN$
        ld    (parm2),de  ; Adr. LAD%
        ld    (parm3),bc  ; Adr. EAD%
        ld    a,(hl) ; Reg. hl zeigt auf <laenge> von DSN$
        cp    11       ; ¦<laenge> ¦ 2 Byte Adr. Text DSN$ ¦
        jp    nz,XXØ ; Reg. de enthaelt Adr. von LAD%
        ld    c,25         ; Aktuelles Lw. ermitteln
        call 5
        inc   a
        ld    (92),a
        ld    iy,(parm1)
        ld    l,(iy+1)    ; Adr. d. Textes von DSN$ --> hl
        ld    h,(iy+2)
        ld    de,92+1     ; FCB-OVERLAY XPOLAD: 5Ch bis 7Fh
        ld    bc,11
        ldir
        ld    a,Ø
        ld    (92+12),a
        ld    (92+32),a
        ld    de,92       ; OPEN fuer Datei aus DSN$
        ld    c,15        ; auf aktuellem Lw.
        call 5
        cp    ØFFh        ; Datei nicht gefunden --> CANCEL
        jr    z,XXØ
        ld    ix,(parm2)
        ld    e,(ix)
        ld    d,(ix+1)
        push de
XX2:    pop   de          ; DMA-Adr.       := Adr. aus LAD%
        push de
        ld    c,26        ; bzw. DMA-Adr. := DMA-Adr. + 128
        call 5
        ld    de,92       ; Sequentielles Lesen von Sektoren
        ld    c,2Ø        ; zu je 128 Byte nach TPA (DMA-Adr.)
        call 5
        pop   hl
        and   a
        ret   nz          ; EOF erreicht
        ld    bc,128      ; Vorbereitung Lesen naechsten Sektor
        add   hl,bc
        push hl
        pop   de
        ld    iy,(parm3)
        ld    l,(iy)      ; Datei zu gross ?
        ld    h,(iy+1)
        or    a
        sbc   hl,bc
        or    a
        sbc   hl,de
        jr    nc,XX3
        ld    iy,(parm3)
        ld    (iy),Ø      ; Datei ist zu gross
        ld    (iy+1),Ø
        ret
XX3:    push de
        jr    XX2
XXØ:    ld    ix,(parm2)
        ld    (ix),Ø
        ld    (ix+1),Ø
        ret          ; LEN(DSN$)<>11  ¦ DSN$ not found
parm1:  defw 5858h ; Adr. DSN$
parm2:  defw 5858h ; Adr. LAD%
parm3:  defw 5858h ; Adr. EAD%
        end
```

```
1ØØØ REM XPOLAD.BAS vom: Ø2.Ø3.88
1ØØ1 REM Generiert mit YPOKEBAS aus der Datei: XPOLAD.OVX
1ØØ2 REM Aufruf im Anwenderprogramm ( %INCLUDE XPOLAD.BAS ):
1ØØ3 REM <Zeile> [GOSUB 1ØØØ:] <name>=&HØØ5C:
 CALL <name> [(<Arg.-Liste>)]
1ØØ4 DATA 34,238,Ø,237,83,240,Ø,237,67,242,Ø,126,254,11,194,225,
Ø,14,25,2Ø5,5,Ø,6Ø,5Ø,92,Ø,253,42,238,Ø,253,11Ø,1,253,1Ø2,2,
17,93,Ø,1,11,Ø,237,176,62,Ø,5Ø,1Ø4,Ø,5Ø,124,Ø,17,92,Ø,14,15,
2Ø5,5,Ø,254,255,4Ø,69,221,42,24Ø,Ø,221,94,Ø,221,86,1,213,2Ø9
1ØØ5 DATA 213,14,26,2Ø5,5,Ø,17,92,Ø,14,2Ø,2Ø5,5,Ø,225,167,192,
1,128,Ø,9,229,2Ø9,253,42,242,Ø,253,11Ø,Ø,253,1Ø2,1,183,237,
66,183,237,82,48,13,253,42,242,Ø,253,54,Ø,Ø,253,54,1,Ø,2Ø1,
213,24,198,221,42,24Ø,Ø,221,54,Ø,Ø,221,54,1,Ø,2Ø1,88,88,88,88
1ØØ6 DATA 88,88
1ØØ7 RESTORE 1ØØ4
1ØØ8 FOR I1ØØ4%=Ø TO 151:READ P1ØØ4%:
 POKE &HØØ5C+I1ØØ4%,P1ØØ4%:NEXT I1ØØ4%
1ØØ9 RETURN
```

***Bild 7** Basic-80-RUN-TIME-Lader aus Bild 6 als GOSUB-Routine (generiert mit YPOKEBAS und auf 152 Byte gekürzt)*

Linker aufgelöst, so daß der Assembler-Quelltext aus Bild 6 nach XPOLAD.REL übersetzt, dazugelinkt werden muß. Das trifft ebenfalls für CONECT aus Bild 3 zu. Man hat im Ergebnis mit den Programmen XPOLAD-.BAS und YPOKEBAS.COM einen praktisch sofort nutzbaren Satz von Werkzeugen zur dynamischen [Assembler-]Unterprogrammtechnik in Basic-80 zur Verfügung.

**Literatur**


/1/ Grafik, W.: Hardwarenahe Programmierung in höheren Programmiersprachen. edv-Aspekte, Berlin 6 (1987) 4, S. 54

/2/ Nerz, H.: Assemblerroutinen in Turbo-Pascal. mc, München (1986) 6, S. 78

/3/ Hanisch, Ch.: EXEC – ein Startprogramm für dBASE II. Mikroprozessortechnik, Berlin 2 (1988) 11, S. 331

/4/ Hanisch, Ch.: Umwandeln von COM-Files in dBASE-II-INLINE-POKEs. Mikroprozessortechnik, Berlin 2 (1988) 10, S. 307


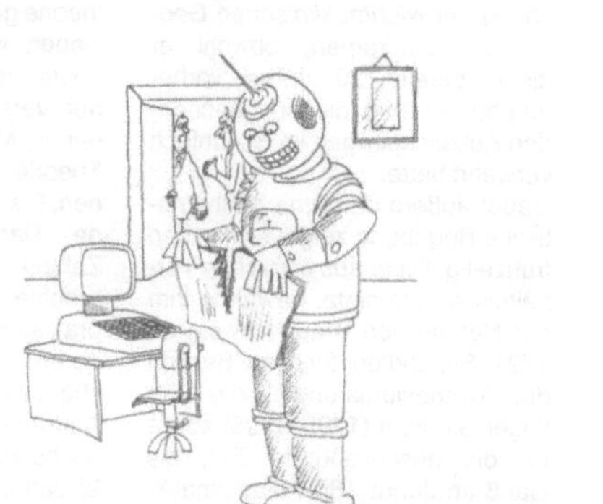

*Zeichnung: Steger*

*Das ist ein intelligenter Roboter, er zerreißt gerade dein Programm!*

# JOHANN CARL FRIEDRICH GAUSS

*** 1777 Braunschweig, † 1855 Göttingen**

Nach dem Tode des fast 78jährigen Gauß wurde im Auftrag des damals regierenden Königs Georg V. von Hannover eine Gedenkmedaille mit dem Bildnis von Gauß geprägt, die ihn als „Fürst unter den Mathematikern" bezeichnet. Jahre zuvor war ihm auf Anregung Humboldts die höchste Auszeichnung des preußischen Staates, der *Pour le mérite*, verliehen worden. Diese hohen Ehrungen bestätigen den Umstand, daß Gauß bereits zu Lebzeiten unbestritten auf der ganzen Welt als höchste Autorität im Bereich der Mathematik und ihrer Anwendungen galt. Schon seine schätzungsweise 7000 Briefe – geschrieben in einem halben Dutzend verschiedener Sprachen – lassen etwas von seinem internationalen Rang ahnen!

Tatsächlich waren seine mathematischen Neuentdeckungen mitunter so kühn, daß er diese der Öffentlichkeit gar nicht mitzuteilen wagte, weil er das „Geschrei der Böotier" fürchtete (wie es 1829 in einem Brief an F. W. Bessel heißt); so mußte er es beispielsweise erleben, daß ihm N. I. Lobatschewskij und W. Bólyai mit der Veröffentlichung der *Nichteuklidischen Geometrie* zuvorkamen, obwohl er diese bereits 20 Jahre vorher durchdacht und die entsprechenden Aufzeichnungen im Schubfach verwahrt hatte.

Gauß' außerordentliche mathematische Begabung zeigte sich schon frühzeitig. Da er aus ärmlichen Verhältnissen stammte, gewährte ihm der Herzog von Braunschweig ab 1791 Stipendien für den Besuch des Gymnasiums und für das Göttinger Studium (1795–1798) sowie für die anschließende Zeit, bis Gauß im Jahre 1807 Mathematikprofessor und Direktor der Sternwarte in Göttingen wurde.

Es war durchaus nicht von Anfang an sicher, ob sich Gauß überhaupt ständig der Mathematik widmen sollte (seine wissenschaftliche Tätigkeit in diesem Fach hatte er bereits 1791 begonnen!). Denn er beherrschte mehrere Fremdsprachen und schwankte in der Wahl zwischen Mathematik und Philologie! Die Entscheidung fiel, als ihm der Nachweis gelungen war, daß das reguläre 17-Eck allein mit Zirkel und Lineal konstruierbar ist. Dieses geometrische Problem hatten seit dem Altertum Mathematiker zu lösen versucht und es schließlich für unlösbar erklärt. Gauß fand die Lösung 1796 quasi als Nebenergebnis bei zahlentheoretischen Untersuchungen.

Bereits 1799 promovierte Gauß, und zwar in einem für die damalige Zeit wohl denkwürdigen Verfahren: Die Universität Helmstedt verlieh dem Studenten der Göttinger Universität in Abwesenheit und ohne mündliche Prüfung den Doktorgrad für den ersten exakten Beweis des Fundamentalsatzes der Algebra. Schon 2 Jahre später veröffentlichte er seine umfangreichen *Disquisitiones aritmeticae*, mit deren Erscheinen er unter den Mathematikern weltberühmt wurde und die als Beginn der neueren Zahlentheorie gelten.

Neben weiteren zahlreichen, bis heute gültigen Neuschöpfungen auf verschiedenen Gebieten der reinen Mathematik (Fehlertheorie, Theorie der elliptischen Funktionen, Flächentheorie, Primzahltheorie, Darstellung der komplexen Zahlen, Potentialtheorie) vollbrachte Gauß auch bedeutende praxisorientierte Leistungen in anderen wissenschaftlichen Bereichen. So übernahm er 1818 einen Auftrag zur Vermessung des Königreichs Hannover – eine Arbeit die 25 Jahre andauerte und bei der insgesamt 2600 trigonometrische Punkte von der Nordsee bis zum Inselsberg eingemessen wurden. Für diese Arbeiten (an denen er 5 Jahre persönlich teilnahm) erfand er eigens das *Heliotrop*, ein Meßgerät, bei dem das Sonnenlicht für Vermessungssignale über große Entfernungen ausgenutzt wird. Mit der Vermessung des (damals größten vermessenen) Dreiecks zwischen dem Brocken (1142 m), dem Inselsberg (915 m) und dem Hohen Hagen (508 m) wollte Gauß auch nachprüfen, bis zu welchem Genauigkeitsgrad die Euklidische Geometrie in der realen Welt gilt.

In der Mechanik stellte er das *Prinzip des kleinsten Zwangs* auf, in der Optik verbesserte er die bis dahin üblichen Methoden der Strahlengangberechnung für ein Linsensystem. In der Astronomie befaßte er sich unter anderem mit Fragen der Zeitrechnung und des Kalenders. So hat er eine praktikable Regel zur Berechnung des Osterdatums im gregorianischen Kalender hergeleitet.

Im Jahre 1828 weilte Gauß als persönlicher Gast Alexander von Humboldts auf der *Versammlung Deutscher Naturforscher und Ärzte* in Berlin. Hier lernte er den Physiker Wilhelm Weber (1804–1891) kennen, mit dem er ab 1831 in Göttingen den Erdmagnetismus erforschte und die Zusammenhänge zwischen Magnetismus und Elektrizität untersuchte. Aus dieser gemeinsamen Tätigkeit resultierte 1832 die Erfindung des *Magnetometers* und 1833 die des ersten *elektromagnetischen Telegraphen*, durch den Webers physikalisches Institut mit der Sternwarte verbunden wurde. Gauß selbst äußerte danach, daß nun nichts anderes als technische und finanzielle Fragen zu lösen seien, um zu einem Nachrichtensystem über die ganze Erde zu gelangen.

Die Zusammenarbeit von Gauß und Weber brachte übrigens auch die wichtige Einführung des absoluten Maßsystems, also die Rückführung aller Maßeinheiten auf die drei Grundgrößen der Länge, Zeit und Masse.

Des weiteren waren Gauß und Weber engagiert in der von A. v. Humboldt gegründeten ersten wissenschaftlichen Gesellschaft, dem sogenannten Magnetischen Verein, tätig, für den erstmals nach standardisierten Verfahren und zu festgelegten Zeiten weltweit das Erdmagnetfeld gemessen wurde. Diese Aktivität des Magnetischen Vereins darf wohl als Vorläufer aller späteren internationalen Kooperationsunternehmen bis hin zum Geophysikalischen Jahr 1957/58 angesehen werden.

Bei der unglaublich großen Vielseitigkeit von Gauß nimmt es kaum noch wunder, daß ihm auch die Rechentechnik eine Reihe von Algorithmen verdankt, die vielfach zur Grundausstattung moderner Software gehören. Erwähnt seien in diesem Zusammenhang die *Gaußschen Quadraturverfahren* zur numerischen Berechnung ein- oder mehrdimensionaler Integrale, bei denen jeweils nur die Anzahl, nicht aber die Lage der Nullstellen vorgeschrieben wird. Häufig verwendet wird auch der *Gaußsche Algorithmus*, ein praktikables Eliminationsverfahren zur Auflösung linearer Gleichungssysteme, gleichermaßen geeignet zur Determinantenberechnung und zur Matrizeninversion. Für die Lösung ebensolcher Probleme dient das *Gauß-Seidelsche Iterationsverfahren*, das 1874 von Ph. L. Seidel angegeben wurde, aber schon von Gauß in verschiedenen Abwandlungen benutzt worden ist, wie sich nachträglich dank R. Dedekinds Ermittlungen (1901) herausgestellt hat. Große Bedeutung für die praktische Anwendung hat die auf Gauß zurückgehende *Ausgleichsrechnung* erlangt. Sie verfolgt das Ziel, aus fehlerhaften Meßwerten Näherungswerte für die zu messenden Größen zu gewinnen und deren Genauigkeit anzugeben. Benutzt wird dazu seine *Methode der kleinsten (Fehler-)Quadrate*, die Gauß zuerst in der Astronomie und Vermessungskunde eingeführt hat. Ihre erste weltweit beachtete Anwendung fand diese Methode 1801 durch Gauß selbst bei seiner Bahnberechnung des Planetoiden *CERES* aus nur ganz wenigen Positionsmessungen. Auf Grund seiner „zur Bewunderung genauen" Berechnung gelang den Astronomen die aufsehenerregende Wiederentdekkung dieses aus der Sicht entschwundenen Planeten. Noch heute werden bei den computergestützten Berechnungen von Umlaufbahnen die Gaußschen Methoden zugrunde gelegt!

Kein Geringerer als Felix Klein, der 1886–1923 ebenfalls an der Göttinger Universität als Mathematiker wirkte, hat zu Beginn einer seiner Vorlesungen Gauß mit folgenden Worten gewürdigt: „Wenn wir uns fragen, worin eigentlich das Ungewöhnliche, Einzigartige dieser Geisteskraft liegt, so muß die Antwort lauten: Es ist die Verbindung der größten Einzelleistung in jedem ergriffenen Gebiet mit größter Vielseitigkeit; es ist das vollkommene Gleichgewicht zwischen mathematischer Erfindungskraft, Strenge der Durchführung und praktischem Sinn für die Anwendung bis zur sorgfältig ausgeführten Beobachtung und Messung einschließlich; und endlich, es ist die Darbietung des großen selbstgeschaffenen Reichtums in der vollendetsten Form".

*Dr. Klaus Biener*

# Einführung in Forth-83

Teil 1

Dr. Hartmut Pfüller (Leiter), Dr. Wolfgang Drewelow, Dr. Bernhard Lampe, Ralf Neuthe, Egmont Woitzel
Wilhelm-Pieck-Universität Rostock, Sektion Technische Elektronik

**Gliederung**



## 1. Einführung und Kernwortschatz

Die dialogorientierte Programmiersprache Forth wurde in den sechziger Jahren von Charles H. Moore in den USA entwickelt und ab 1971 zunächst für die Echtzeitsteuerung von Radioteleskopen eingesetzt. Entwicklungsziele waren maximale Handlichkeit der Sprache zwecks hoher Produktivität des Programmierers und größte Einfachheit des Übersetzerkonzepts. Herausgekommen ist eine organische und kompakte Einheit von Sprache und Übersetzer. Forth ist erweiterbar, das heißt, der Quelltext kann für sich selbst die eigenen Ausdrucksmittel ändern und neue Ausdrucksmittel höheren Niveaus erzeugen. Damit ist problemnahe Programmierung für nahezu jede Anwendung in einheitlicher Softwareumgebung und *in einem Zuge* möglich, also ohne Mehrpaßübersetzung. In Richtung niederen Niveaus sind im Quelltext die Maschinenbefehle des Wirtsprozessors verwendbar. Das ist nützlich für direkte Gerätesteuerungen und Zugriffe auf Treiber.

Forthsysteme sind je nach Ausstattung etwa drei KByte bis über 16 KByte groß und für praktisch alle Rechner verfügbar. Forth wurde inzwischen in mehreren Etappen standardisiert; die vorliegende Beschreibung folgt dem Standard Forth-83. Eventuelle Unklarheiten beim Nachvollziehen der Beispiele sollten Veranlassung sein, die Verträglichkeit des benutzten Systems mit diesem Standard zu überprüfen.

### 1.1. Die Softwarekonzeption von Forth

#### *1.1.1. Die Architektur von Forth*

Das Forthsystem ist ein Rechenprogramm, das gleichzeitig als Betriebssystem, als Compiler und als Kommandoprozessor (*Textinterpreter*) arbeitet. Bild 1.1 soll das an einem Schichtenmodell anschaulich machen. Die niedrigste Schicht enthält alle Programmmoduln, die aus Maschinencode gebildet sind. Dieses Prinzip, die Gegebenheiten einer konkreten Hardware mittels eines zugeordneten Pakets von Maschinenprogrammen *abzufangen*, ist mit dem BIOS-Teil des Betriebssystems CP/M vergleichbar. Auch die nächsthöheren Schichten sind in Moduln gegliedert, allerdings bestehen diese nicht aus Maschinencode, sondern aus sogenanntem Forthcode. Das sind Listen von Adressen, wobei jede Adresse als Pointer zu einem bestimmten Modul aus Maschinencode oder aus Forthcode verweist. Die Betriebssystemschicht und die darüberliegenden sind dadurch maschinenunabhängig, also portabel. Alle Schichten können jederzeit auch im Dialog erweitert werden.

#### *1.1.2. Das Wortkonzept*

Das gesamte Forthsystem besteht aus einer größeren Anzahl (je nach Systemgröße z. B. etwa 70...300) von relativ kleinen Moduln (teils aus Maschinencode, teils aus Forthcode). Alle diese Grundfunktionen sind im Hauptspeicher lexikonförmig geordnet aufbewahrt. Wegen der tatsächlichen Ähnlichkeit mit einem Lexikon heißt dieser Programmteil *Wörterbuch*, und jeder der einzelnen Moduln wird als *Wort* bezeichnet. Die Worte im Wörterbuch dienen als Kommunikationsmittel zwischen Mensch und Rechner und müssen demzufolge von beiden *verstanden* werden. Zu diesem Zweck ist jeder Eintrag zweigeteilt und so aufgebaut, daß der Name des Wortes für den Menschen als Text lesbar und der zugehörige Codeteil für den Rechner ausführbar ist. Vier Beispiele für Namen sind:

**; */MOD 2! VOCABULARY**

Die Namensbildung ist sehr freizügig; Sonderzeichen sind an beliebiger Stelle erlaubt oder können auch einzeln als Name gelten.

#### *1.1.3. Das Stapelkonzept*

Außer Namen können im Eingabetext von Tastatur oder Massenspeicher natürlich auch Zahlen erscheinen. Diese Zahlen werden eine nach der anderen in das *interne Format* konvertiert, so zum *Parameterstapel* (Parameterstack) geschafft und dort abgelegt. Zur internen Wertdarstellung dienen durchgängig 16-Bit-Dualzahlen; für negative Zahlen wird die Zweierkomplementdarstellung verwendet. Auf dem Parameterstapel bleiben die Werte dann so lange liegen, bis sie von irgendeinem Wort wieder abgeholt (*verbraucht*) werden. Damit ist gleichzeitig angedeutet, wie Forthworte mit lokalen Eingangsparametern versorgt werden: Die Parameter müssen irgendwann vor Aktivierung des Wortes auf dem Parameterstapel hinterlegt worden sein. Falls mit mehreren Werten hantiert wird, gilt das LIFO-Prinzip (englisch: last in – first out). Entsprechend wird mit lokalen Ausgangsparametern verfahren: Falls ein Wort lokale Ergebniswerte liefert, bleiben diese nach Ausführung des Wortes auf dem Stapel liegen und sind so zum Beispiel wieder als Eingangsparameter für nachfolgende Worte verfügbar. Da auf diese Weise bei Aufrufen die aus anderen Programmiersprachen bekannten Listen von aktuellen und formalen Parametern entfallen, spricht man bei Forth auch von *impliziter Parameterübergabe*. Für Programmdokumentationen oder Quelltextkommentare kann es erforderlich sein, genauere Angaben über Anzahl und Art der lokalen Ein- und Ausgangsparameter zu machen. Dafür hat sich in Forth eine bestimmte Art der Kommentierung eingebürgert: In runden Kommentarklammern wird notiert, wie der Stapel vor und nach Ausführung des kommentierten Wortes belegt ist. Die Notation

**( n1 n2 n3 ===> n4 n5)**

bedeutet in diesem Sinne, daß das kommentierte Forthwort drei Eingangsparameter vom Stapel holt – mit n3 an der Stapelspitze – und zwei neue Werte – mit n5 an der Stapelspitze – als Ausgangsparameter hinterläßt. Der Pfeil symbolisiert die Ausführung des Wortes.

#### *1.1.4. Das Erweiterungskonzept*

Die Vorgehensweise beim Programmieren in Forth soll an einem Steuerprogramm für einen hypothetischen x-y-Schreiber erläutert werden. Dieser Plotter sei so einfach, daß seine Hardware nur drei Funktionen kennt, und zwar

a) *Stift anheben*
b) *Stift absenken*
c) *geradenwegs die Absolutposition (x, y) anfahren.*

Wie diese Funktionen von der Rechnerperipherie aus zu aktivieren sind, soll bekannt sein. Programmieren in Forth heißt nun, das Forthsystem zu erweitern, indem der Programmierer zu den im Wörterbuch schon existierenden Worten neue Worte *hinzudefiniert*, nämlich solche, die Schritt für Schritt die Programmieraufgabe lösen. Dabei können alle schon im Wörterbuch existierenden Worte ausgenutzt werden. Zum Definieren neuer Worte gibt es (natürlich *auch* im Wörterbuch!) *Definitionsworte*. Ein neues Wort für die Maschinencodeschicht wird zum Beispiel durch Voranstellen des Definitionswortes **CODE** vor einen selbstzuwählenden Namen erzeugt. Mit dem Wort **END-CODE** wird ein solches Maschinenprogramm dann wieder beendet. Der Forthprogrammierer geht nun üblicherweise so vor, daß er entsprechend den Gerätedaten das Assemblerprogramm konzipiert und dann eintippt:

```
CODE HEBEN  . . . . . . . . . . . END-CODE
CODE SENKEN . . . . . . . . . . . END-CODE
```

Da die konkreten Assemblerbefehle hier nicht im Mittelpunkt stehen, wurden sie nur

```
Problemlösung--->I------------------------------------------------
                 I              Anwenderprogramme               >
Bediener-        I                                    E         >
Interface------->I----------------------               r        >
                 I  Kommandoprozessor   >               w       >
Dienst-          I ( = Textinterpreter) >                e      >
programme------->I---------------------------             i     >
                 I Colon-     I      I usw.  >             t    >
Standard-        I Compiler  I Editor I usf. >              e   >
Oberfläche------>I----------------------------------         r
                 I      FORTH-Betriebssystem       >          u
Virtuelle        I                                 >           n
Maschine-------->I------------------------------------         > g
                 I       Maschinencode-Programme      >        >  e
                 I             (Primitive)            >        >   n
////////////////////////////////////////////////////////////////>
                        Gesamtheit der Hardware                 >
                                                                >
```

*Bild 1.1 Schichtenmodell eines Forthsystems*

```
Kommando   Stapel -----------------------> TOS

(Anfang)   a        b
OVER       a        b        a
OVER       a        b        a        b
*          a        b        a*b
ROT        b        a*b      a
ROT        a*b      a        b
+          a*b      a+b
/          a*b/(a+b)
```

*Bild 1.5 Stapelbelegung während der Formelberechnung*

```
2233  -77  444  (cr) ok      (wird auf Stapel gelegt)
 .  (cr) 444 ok              (letzter Wert entnommen)
 .  .  (cr) -77 2233 ok      (nächste Werte entnommen)
```

*Bild 1.2 Ausgabe von Zahlen mittels Punktbefehl*

```
1  65535  -2  (cr) ok
U.  U.  U.  (cr) 65534 65535 1 ok
```

*Bild 1.3 Vorzeichenlose Ausgabe von Zahlen*

```
0  1  D.  (cr) 65536 ok
1  0  D.  (cr) 1 ok
```

*Bild 1.4 Ausgabe von doppeltgenauen Zahlen*

durch Punkte angedeutet. Nachdem nun die neuen Worte **HEBEN** und **SENKEN** definiert sind, kann der Programmierer durch deren Aufruf bei angeschlossenem Plotter kontrollieren, inwieweit die von ihm beabsichtigte Funktion korrekt ausgeführt wird. Die *Ausführung* von Worten erreicht man einfach durch Eintippen ihres Namens und Bestätigung der Eingabe mit der <Enter>-Taste. Diese *normale* Betriebsart von Forth heißt deshalb auch *Ausführungsmodus*. Wenn die neuen Worte augenscheinlich nicht korrekt arbeiten, müssen sie berichtigt neu eingegeben werden, bis der gewünschte Erfolg erreicht ist. Danach werde in ähnlicher Weise die dritte Funktion als Maschinenprogramm codiert:

**CODE ANFAHREN . . . . . . . . END-CODE**

Der Programmierer hat **ANFAHREN** als sinnfälligen Namen für diese Funktion gewählt. Hier ist nun zu beachten, daß dieses Wort die Parameter x und y für die Zielkoordinaten benötigt. In Quellprogrammen gehört es zu gutem Forthstil, mit dem neudefinierten Namen entsprechende Hinweise als Kommentar in runden Klammern zu notieren.

**CODE ANFAHREN ( x y ===>)**
**. . . . . . . . . . . END-CODE**

Durch die Ausführung des Wortes **ANFAHREN** werden also zwei Werte vom Stapel entfernt (verbraucht). Auch die Funktion dieses Wortes kann nun im Dialog getestet werden, z. B. durch Eintippen von:

**50 70 ANFAHREN**

Wenn das Maschinenprogramm **ANFAHREN** korrekt ist, muß damit die Position (x = 50, y = 70) angefahren werden. Natürlich können Worte auch im Verbund arbeiten, zum Beispiel so:

**HEBEN 0 0 ANFAHREN**
**SENKEN 100 50 ANFAHREN HEBEN**

Nach Eingabe dieser Zeilen muß der Plotter eine Strecke vom Punkt (x = 0, y = 0) zum Punkt (x = 100, y = 50) zeichnen. Neben dem Definitionswort **CODE** für das Eintragen von Maschinencodeworten ins Wörterbuch gibt es weitere Definitionsworte. Das vielleicht wichtigste von ihnen ist der *Doppelpunkt*. Er dient zur Erweiterung der höheren Schichten um Moduln in Forthcode. Für den Plotter kann zum Beispiel ein Wort definiert werden, dessen Funktion es ist, zwei Punkte durch eine Linie zu verbinden:

**: VERBINDEN ( x2 y2 x1 y1 ===>)**
**ANFAHREN SENKEN ANFAHREN HEBEN ;**

Hier werden die Worte **ANFAHREN**, **SENKEN** und **HEBEN** nach Eingabe *nicht* ausgeführt, sondern als Programm in Forthcode unter dem neuen *Stichwort* **VERBINDEN** ins Wörterbuch kompiliert. Das wird dadurch erreicht, daß der Doppelpunkt generell nach seiner Aktivierung die Betriebsart vom Ausführungsmodus in den sogenannten *Kompilationsmodus* umschaltet. Das abschließende Semikolon (*auch* ein Forthwort!) schaltet dann wieder vom Kompilationsmodus in den Ausführungsmodus zurück. Die Gesamtkonstruktion einschließlich Doppelpunkt und Semikolon wird Doppelpunktdefinition genannt. Nach der Definition kann natürlich auch das Wort **VERBINDEN** im Dialog getestet werden, zum Beispiel so:

**80 100 0 20 VERBINDEN**

Die Ausführung des Wortes **VERBINDEN** bedeutet nun, daß genau diejenigen Befehle ausgeführt werden, die in der Doppelpunktdefinition notiert sind, also: **ANFAHREN SENKEN ANFAHREN HEBEN.** Man mache sich klar, daß die Richtung vom Punkt (x = 0, y = 20) zum Punkt (x = 80, y = 100) führt: Die Koordinaten des Punktes (x = 0, y = 20) liegen obenauf und werden deshalb als erste vorgefunden und angefahren. In ähnlicher Weise können im Dialogbetrieb nach und nach weitere Worte definiert, schrittweise zu komplexeren Funktionen zusammengefaßt und getestet werden. Zum Beispiel könnte man die Worte definieren, die lediglich die Parameter von markanten Punkten des Achsenkreuzes liefern:

**: NULLPUNKT ( ===> x0 y0) 0 0 ;**
**: XMAX ( ===> xmax y0) 100 0 ;**
**: YMAX ( ===> x0 ymax) 0 100 ;**

Das erlaubt dann sinnfällige Wortsequenzen wie

**. . . NULLPUNKT ANFAHREN . . .**

Weiter könnte damit nun beispielsweise ein Wort zum Zeichnen der positiven Achsen definiert werden:

**: ACHSEN ( ===>)**
**NULLPUNKT YMAX VERBINDEN**
**XMAX NULLPUNKT VERBINDEN ;**

Wenn Programme ausprobiert werden sollen, ohne daß das anzusprechende Gerät verfügbar ist, kann man sich dadurch helfen, daß die Grundfunktionen durch Doppelpunktworte definiert werden. Dabei muß das Stapelverhalten korrekt nachgebildet werden. Anstatt die eigentliche Funktion auszuführen, können zum Beispiel Zeichenkettentexte auf dem Bildschirm angezeigt werden:

**: HEBEN ." heben " ;**
**: SENKEN ." senken " ;**
**: ANFAHREN ( x y ===>)**
**. . ." anfahren " ;**

Nach dem Eintippen dieser Worte könnten die obigen Beispiele zur Plottersteuerung nachvollzogen werden.

## 1.2. Das Bedienerinterface

### *1.2.1. Integerzahlen*

Der Textinterpreter von Forth versucht für jeden (in Leerzeichen eingegrenzten) Eintrag zunächst, die Zeichenfolge als Name eines Forthwortes im Wörterbuch aufzufinden. Falls das mißlingt, wird als nächstes geprüft, ob die eingebene Zeichenfolge als Zahl verstanden werden kann, das heißt, ob sie ausschließlich aus gültigen Ziffernzeichen (allenfalls mit führendem Minuszeichen) besteht. Wenn diese Prüfung erfolgreich ist, wird die Ziffernzeichenfolge in die rechnerinterne Zahlenwertdarstellung umgewandelt und so auf dem Parameterstapel abgelegt.

### *1.2.2. Worte*

Jedes eingegebene Wort, ob es nun eine (ein- oder mehrstellige) Zahl oder ein im Wörterbuch enthaltenes Forthwort repräsentiert, muß vom nachfolgenden Wort im Programmtext durch mindestens ein Leerzeichen getrennt sein. Nachfolgend wird die Benutzung von Zahlen und Forthworten am Beispiel einiger Ausgabebefehle demonstriert.

*Wortname:* .
*Stapeleffekt:* ( n ===>)
*Funktion:* Das ASCII-Zeichen *Punkt* ist in Forth der einfache Ausgabebefehl; er holt (d. h. entfernt) den obersten 16-Bit-Wert vom

16-Bit-Wert vom Parameterstapel, faßt ihn als vorzeichenbehaftete Zahl in Zweierkomplementdarstellung (−32768 ... 32767) auf, wandelt ihn in die externe Ziffernzeichendarstellung und sendet diese ASCII-Zeichenkette als externe Darstellung der Dualzahl zum Ausgabegerät (Bild 1.2).
Zur Unterscheidung von den Bedienereingaben ist die Rechnerreaktion in diesen Dialogmitschnitten jeweils durch Unterstreichung gekennzeichnet. Das zusätzlich eingefügte (cr) soll bedeuten, daß vor dieser Stelle die Entertaste betätigt wurde.
*Wortname:* **U.**
*Stapeleffekt:* ( u ===>)
*Funktion:* Ausgabebefehl wie Punkt; faßt den Wert als vorzeichenlose Dualzahl (0 ... 65536) auf (Bild 1.3).
*Wortname:* **D.**
*Stapeleffekt:* ( *n n* ===>) oder identisch: ( d ===>)
*Funktion:* Ausgabebefehl; holt die oberen beiden (16-Bit-)Werte vom Stapel und faßt dieselben gemeinsam als 32-Bit-Ganzzahl in vorzeichenbehafteter Zweierkomplementdarstellung (−2147483648 bis 2147483647) auf (Bild 1.4).
Eine Kurzbeschreibung aller aufgeführten Befehle ist in Tafel 1.2 zu finden. Da diese in vielen Fällen ausreichend ist, wird es im weiteren Verlauf seltener erforderlich sein, Worte so ausführlich wie eben vorgeführt zu beschreiben. In allen drei obigen Beschreibungen wurde absichtlich dazugesagt, wie der Ausgabebefehl den Stapelwert *auffaßt*. Diese *Auffassungsfrage* gilt nicht nur für Ausgabebefehle, sondern generell: Auf dem Stapel werden physisch nur 16-Bit-Werte verwaltet. Der Programmierer allein entscheidet bei neuen Definitionen durch die von ihm organisierte Weiterverwendung darüber, ob sein Forthwort einen Wert als vorzeichenbehaftet, als ASCII-Zeichen mit nur sieben gültigen Bits oder mit weiteren Parametern gemeinsam als mehrfachgenauen Wert benutzt oder auf völlig andere Weise. Bei der Verwendung von bereits existierenden Worten muß er sich natürlich darüber informieren, welche Bedeutung diese jeweils den Parametern beilegen.

### 1.3. Der Parameterstapel

Da die Werte auf dem Parameterstapel für sehr verschiedene Anwendungsfälle als Eingangsparameter verwendet werden können, ist es manchmal zweckmäßig, vorhandene Werte zu kopieren oder umzusortieren. Dafür sind die in den nachfolgenden Unterabschnitten aufgeführten Worte nützlich.

*1.3.1. Vervielfältigung*
Die sechs Worte
**DUP OVER PICK ?DUP 2DUP 2OVER**
stellen alle in irgendeiner Weise Kopien von bestimmten Werten irgendwo auf dem Stapel her, die dann als Ergebnisparameter auf das obere Stapelende (englisch: Top of stack, Abk.: TOS) abgelegt werden. Die Stapeldiagramme und Kurzbeschreibungen sind in Tafel 1.2 enthalten. Mit **PICK** kann ein beliebiger Wert zum TOS kopiert werden, dessen Position man allerdings explizit angeben muß. **?DUP** dupliziert den Wert im TOS genau dann, wenn er nicht gleich Null ist. Das ist besonders in Verbindung mit Entscheidungsstrukturen nützlich.

*1.3.2. Ordnungsbefehle*
Jedes der fünf Worte
**ROT SWAP ROLL 2ROT 2SWAP**
leistet in irgendeiner Weise eine Umsortierung von Werten auf dem Parameterstapel; der Füllstand des Stapels wird dabei nicht geändert.

*1.3.3. Entfernen von Werten*
Die Worte **DROP** und **2DROP** entfernen vom TOS einen 16-Bit-Wert bzw. einen 32-Bit-Wert. Das wird zum Beispiel dann benötigt, wenn erst nach Entscheidungsfolgen klar wird, welcher von mehreren Parametern weiter benötigt wird und welcher nicht. Überflüssige Werte können dann durch Umsortierung nach oben gebracht und mit diesen Befehlen *vernichtet* werden.

*1.3.4. Stapeltiefe*
Das Wort **DEPTH** (deutsch: Tiefe) liefert als Ergebnisparameter eine Zahl, die angibt, mit wieviel 16-Bit-Werten der Parameterstapel gefüllt ist.

### 1.4. Arithmetische Operationen

*1.4.1. Umgekehrte polnische Notation*

Im Plotterbeispiel wurde eine Befehlsfolge **NULLPUNKT ANFAHREN** benutzt. Dabei folgt auf den (zusammengesetzten) *Parameter* **NULLPUNKT** die *Operation* **ANFAHREN**. Nach diesem Prinzip kann auch mit Zahlen operiert werden. Zum Beispiel gibt es in Forth eine Operation für das Addieren; das entsprechende Forthwort hat den Namen + erhalten. Angenommen, auf dem Stapel liege ein Wert **5**, dann führt die Befehlsfolge **3** + dazu, daß die **5** um den Wert **3** erhöht, also zu einer **8** wird. Wesentlich an dieser Betrachtung ist, daß in Forth generell die Operation *hinter* dem (oder den) Operanden steht (sogenannte Postfixnotation; andere übliche Bezeichnungen dafür sind UPN = umgekehrte polnische Notation oder englisch: RPN = reverse Polish Notation). In Verbindung mit der LIFO-Verwaltung des Parameterstapels wird sich das als sehr praktisch erweisen. Trotzdem ist es etwas unüblich, denn die in der Schule gelehrte Notation setzt den Operator *zwischen* die Operanden (sogenannte Infixnotation). Es läßt sich zeigen, daß daneben auch noch eine Präfixnotation möglich ist (Operator *vor* den Operanden; z. B. von der Programmiersprache LISP bevorzugt) und daß alle diese Notationen ineinander überführbar sind. Ungewohnt ist die Postfixnotation am Anfang vielleicht am ehesten bei größeren Formeln.

*1.4.2. Die Grundrechenarten*
Tafel 1.2 zeigt die Funktion der sechs Worte
**+ − * / D+ D−**
Die ersten vier erwarten jeweils zwei Parameter auf dem Stapel, entfernen diese und hinterlassen im TOS das Ergebnis der Operation. Der Programmierer muß wissen, daß Bereichsüberschreitungen zum Beispiel bei Addition oder Multiplikation nicht reklamiert werden. Weiter ist wichtig zu beachten, daß die Division nur den ganzzahligen Teil des Quotienten liefert; ein eventueller Rest wird ignoriert. Alternativen dazu enthält der nächste Abschnitt. Die beiden Worte **D+** und **D−** hinterlassen entsprechend die doppeltgenaue Summe bzw. Differenz von doppeltgenauen Eingangswerten. Die praktische Benutzbarkeit der Postfixnotation in Verbindung mit Kopier- und Ordnungsbefehlen soll an einem Beispiel gezeigt werden. Angenommen, auf dem Stapel liegen zwei Parameter a und b, und es soll der Ausdruck
**(a * b)/(a + b)** berechnet werden. Das ist mit der folgenden Sequenz möglich:
**OVER OVER * ROT ROT + /**
Da das nicht besonders anschaulich ist, kann es für Entwicklungszwecke zum Selbstverständnis nützlich sein, in einer Art *vertikalen Notation* die aktuelle Belegung des Stapels nach jedem Kommando als Kommentar festzuhalten (Bild 1.5).

*1.4.3. Division mit Rest*
Die beiden Worte
**/MOD MOD**
können benutzt werden, wenn die Vernachlässigung des Restes bei der ganzzahligen Division nicht zulässig ist. **/MOD** liefert dann im TOS den Quotienten und darunter den Rest. **MOD** liefert nur den Rest selbst.

*1.4.4. Skalierung*
Die beiden Worte
***/ */MOD**
erwarten drei Werte x y z als Parameter und berechnen den ~~Wert von~~ x*y/z, wobei die Zwischenergebnisse intern mit doppelter Genauigkeit geführt werden. */ liefert einen Ergebnisparameter. Mit diesem Operator läßt sich unsere Formel (a*b)/(a+b) aus Abschnitt 1.4.2. auch so berechnen:
**OVER OVER + */**
Ganz ähnlich wie der eben besprochene Befehl ***/ liefert */MOD** ebenfalls das Ergebnis im TOS, dazu aber als zweiten Wert (unter dem TOS) zusätzlich den Rest der abschließenden Division.

*1.4.5. Gemischtgenaue Operationen*
Gemischtgenaue Operationen sind solche, bei denen Parameter verschiedener Genauigkeit eine Rolle spielen. Zum Beispiel erwartet **UM*** zwei einfachgenaueParameter (vorzeichenlos) und hinterläßt deren doppeltgenaues Produkt (ebenfalls vorzeichenlos). **UM/MOD** erwartet im TOS einen einfachgenauen Divisor und darunter einen doppeltgenauen Dividenden. Das Ergebnis ist wieder einfachgenau; alle Parameter werden als vorzeichenlos aufgefaßt.

*1.4.6. Begrenzerbefehle*
Die vier Befehle
**MAX MIN DMAX DMIN**
erwarten je zwei Eingangsparameter und liefern als Ausgangsparameter das Extremum der beiden.

*1.4.7. Vorzeichenbefehle*
**ABS** und **DABS** bilden den Betrag von einfach- bzw. doppeltgenauen Zahlen; **NEGATE** und **DENEGATE** bilden jeweils das Zweierkomplement des einfach- bzw. doppeltgenauen Eingangsparameters. Damit wird eine Vorzeichenumkehr erreicht.

### 1.4.8. Maschinenahe Operationen

Die Gruppe

**1+ 1− 2+ 2− 2/ D2/**

faßt solche Operationen zusammen, die in Programmen erfahrungsgemäß häufig vorkommen und für die gleichzeitig besonders schnelle Realisierungen in Maschinencode möglich sind. Das ist das Erhöhen und das Vermindern um eins und um zwei sowie eine bitweise Rechtsverschiebung des Eingangsparameters (einfach- bzw. doppeltgenau), die in der internen Darstellung eine Division durch zwei realisiert.

*wird fortgesetzt*

**Tafel 1.1 Symbole für die Bedeutung der Stapelparameter**

| Symbol | Bedeutung |
|---|---|
| TOS | oberster Wert auf dem Parameterstapel (englisch: Top Of Stack) |
| +n | Stapeleintrag im Bereich 0 < x < = 32767 |
| 16b | Stapeleintrag mit 16 gültigen Bits |
| 32b | doppeltgenauer Stapeleintrag mit 32 gültigen Bits |
| 8b | Stapeleintrag mit 8 gültigen Bits (b0/ bis b7) |
| ? | Stapeleintrag mit den Werten "true" (? ≠ 0) bzw. "false" (? = 0) |
| addr | Stapeleintrag, der als Adresse angesehen wird |
| c | Stapeleintrag, der ein (ASCII-)Zeichen spezifiziert |
| d | doppelter Stapeleintrag im Bereich −2147483648 < x < = 2147483647 |
| +d | positive doppelt genaue Zahl 0 < x < = 4294967295 |
| n | Stapeleintrag im Bereich −32768 < x < = 32767 |
| u | Stapeleintrag im Bereich 0 < x < = 65535 |
| ud | doppelter Stapeleintrag im Bereich 0 < x < = 4294967295 |
| w | Stapeleintrag im Bereich −32768 < x < = 65535 |
| wb | Stapeleintrag im Bereich −128 < x < = 255 |
| wd | Stapeleintrag im Bereich −2147483648 < x < = 4294967295 |

### Zu diesem Kurs

Hier wird dem interessierten Leser die Möglichkeit gegeben, sich über einige der wesentlichen Eigenarten und Potenzen von Forth grob zu orientieren. Wer dadurch angeregt wird, sich ernsthafter mit diesem zukunftsträchtigen Softwarekonzept zu befassen, dem sei das sorgfältige Studium der Bücher von Brodie /1/, /2/ und Zech /3/ empfohlen. Daneben kann man sich in der Spezialliteratur über Themen informieren, die in diesem Kurs nur kurz oder gar nicht erwähnt werden, zum Beispiel: Editieren in Forth / Assemblerprogrammierung / Interrupts, Echtzeit und Multitasking / Metakompilation und Crosscompilation / Fließkommarechnung / Forthprozessor in Hardware.

Hilfreich ist sicherlich auch der Kontakt zu anderen Forthprogrammierern. Für beruflich Interessierte bietet sich hier die Kammer der Technik an. Dort arbeitet in der wissenschaftlichen Sektion Computer- und Mikroprozessortechnik des Fachverbandes Elektrotechnik ein Fachausschuß Forth. Auch außerberuflich an Forth Interessierte haben sich beim Kulturbund in Leipzig zu einer Interessengemeinschaft Forth zusammengefunden, die landesweit aktiv ist.

**Tafel 1.2 Kurzbeschreibung der Forthworte**

| Name | Stapeleffekt | Beschreibung |
|---|---|---|
| **Zahlenausgaben** | | |
| | (n ===>) | 16-Bit-Wert mit MSB als Vorzeichen ausgeben |
| U. | (u ===>) | 16-Bit-Wert als Positivwert ausgeben |
| D. | (d ===>) | 32-Bit-Wert mit MSB als Vorzeichen ausgeben |
| **Parameterstapel; Vervielfältigungen** | | |
| DUP | (16b ===> 16b 16b) | obersten Stapelwert identisch duplizieren |
| OVER | (16b0 16b1 ===> 16b0 16b1 16b0) | zweiten Wert zum TOS kopieren |
| PICK | (16bj 16bi 16bh ... 16b0 i ===> 16bj 16bi 16bh ... 16b0 16bi) | i-ten Wert zum TOS kopieren |
| ?DUP | (0 ===> 0) (16b ===> 16b 16b) | TOS nur dann duplizieren, wenn er nicht null ist |
| 2DUP | (32b ===> 32b 32b) | 32-Bit Wert duplizieren |
| 2OVER | (32b0 32b1 ===> 32b0 32b1 32b0) | zweiten doppeltgenauen Wert zum TOS kopieren |
| **Ordnungsbefehle** | | |
| ROT | (16b0 16b1 16b2 ===> 16b1 16b2 16b0 | dritten Wert nach oben "rollen" |
| SWAP | (16b0 16b1 ===> 16b1 16b0) | obere beide Werte tauschen |
| ROLL | (16bj 16bi 16bh ... 16b0 i ===> 16bj 16bh ... 16b0 16bi) | i-ten Wert nach oben "rollen" |
| 2ROT | (32b0 32b1 32b2) ===> 32b1 32b2 32b0) | dritten doppeltgenauen Wert nach oben "rollen" |
| 2SWAP | (32b0 32b1 ===> 32b1 32b0) | obere beide doppeltgenauen Werte tauschen |
| **Entfernen von Werten** | | |
| DROP | (16b ===>) | TOS entfernen |
| 2DROP | (32b ===>) | doppeltgenauen Wert vom TOS entfernen |
| **Stapeltiefe** | | |
| DEPTH | (===> +n) | Gesamtzahl der 16-Bit-Werte auf dem Stapel |
| **Grundrechenarten** | | |
| + | (w1 w2 ===> w3) | liefert w3 als Summe aus w1 und w2 |
| − | (w1 w2 ===> w3) | liefert w3 als Diffrenz aus w1 − w2 |
| * | (w1 w2 ===> w3) | bildet w3 als Produkt aus w1 und w2 |
| / | (n1 n2 ===> n3) | bildet n3 als Quotient n1/n2 |
| D+ | (wd1 wd2 ===> wd3) | addiert doppeltgenaue Werte wd1 und wd2 zu wd3 |
| D− | (wd1 wd2 ===> wd3) | subtrahiert zwei doppeltgenaue Zahlen zu wd3 |
| **Division mit Rest** | | |
| /MOD | (n1 n2 ===> n3 n4) | bildet Quotient n4 und Rest n3 von n1/n2 |
| MOD | (n1 n2 ===> n3) | bildet den Rest n3 der Division n1/n2 |
| **Skalierung** | | |
| */ | (n1 n2 n3 ===> n4) | n4 = n1*n2/n3; Zwischenergebnis n1*n2 ist doppeltgenau |
| */MOD | (n1 n2 n3 ===> n4 n5) | n5 = n1*n2/n3; n4 ist der Rest bei der Division |
| **Gemischtgenaue Operationen** | | |
| UM* | (u1 u2 ===> ud) | doppeltgenaues Produkt einfachgenauer Positivwerte |
| UM/MOD | (ud u1 ===> u2 u3) | Quotient u3 und Rest u2 von ud/u1 |
| **Vergleichende Befehle** | | |
| MAX | (n1 n2 ===> n3) | n3 ist die größere der beiden Zahlen n1 und n2 |
| MIN | (n1 n2 ===> n3) | n3 ist die kleinere der beiden Zahlen n1 und n2 |
| DMAX | (d1 d2 ===> d3) | d3 ist die größere der doppeltgenauen Zahlen d1 und d2 |
| DMIN | (d1 d2 ===> d3) | d3 ist die kleinere der doppeltgenauen Zahlen d1 und d2 |
| **Vorzeichenbefehle** | | |
| ABS | (n ===> u) | u ist der Absolutbetrag von n |
| DABS | (d ===> ud) | ud ist der Absolutbetrag von d |
| NEGATE | (n1 ===> n2) | n2 ist das Zweierkomplement von n1 |
| DNEGATE | (d1 ===> d2) | d2 ist das Zweierkomplement von d1 |
| **Maschinennahe Operationen** | | |
| 1+ | (w1 ===> w2) | w1 wird inkrementiert zu w2 |
| 1− | (w1 ===> w2) | w1 wird dekrementiert zu w2 |
| 2+ | (w1 ===> w2) | w1 wird um 2 inkrementiert zu w2 |
| 2− | (w1 ===> w2) | w1 wird um 2 dekrementiert zu w2 |
| 2/ | (w1 ===> w2) | w1 wird um ein Bit arithmetisch rechtsverschoben |
| D2/ | (wd1 ===> wd2) | analog 2/ für doppeltgenaue Zahlen |

**Literatur**


/1/ Brodie, L.: Programmieren in Forth. München: Carl Hanser Verlag 1984

/2/ Brodie, L.: In Forth Denken. München: Carl Hanser Verlag 1986

/3/ Zech, R.: Forth-83. München: Franzis Verlag 1987


**✉ KONTAKT ☎**


WPU Rostock, Sektion Technische Elektronik, WB Automatische Steuerungen, Albert-Einstein-Straße 2, Rostock, 2500; Tel. 452 14

# Entwurf von Gate-Array-Schaltkreisen

## Teil 1

**Prof. Dr. Dietmar Müller**
**Technische Universität Karl-Marx-Stadt, Sektion Informationstechnik**

### Allgemeiner Entwurfsablauf

Im Bild 1 sind mögliche Ebenen beim Entwurf von Schaltkreisen dargestellt.
Der angegebene Ablauf entspricht einer Strategie *Von oben nach unten* (top down). Dieses – im „VLSI-Zeitalter" anzustrebende – Vorgehen muß jedoch durch Aspekte des *Von unten nach oben* (bottom up) ergänzt und unterstützt werden. So muß – speziell beim GA-Entwurf – Wissen über die nutzbaren Funktionselemente der Funktionselemente-Bibliothek vorhanden sein, damit keine nichtrealisierbaren Teilstrukturen entworfen werden. Die Dialektik zwischen Top-down- und Bottom-up-Vorgehen ist ausführlich in /1/ dargestellt.
Der Top-down-Entwurf komplexer Systeme kann als eine mehrstufige Transformation der im Pflichtenheft formulierten und geforderten Funktion in eine – letztlich – geometrische Struktur verstanden werden. Bei nicht zu kleinen Aufgabenstellungen ist ein Top-down-Entwurf unter Ausnutzung allgemeiner Regeln und Vorgehensweisen, wie Nutzung des Hierarchie- und des Blockkonzeptes /1/ oder des Anstrebens von Wiederholstrukturen, des Parallelisierens, des Serialisierens u. a., sinnvoll. Dabei kommt es in wachsendem Maße darauf an, solche Methoden und Programme zu entwickeln, die der Anwender nutzen kann, ohne daß Detailkenntnisse vorhanden sind. Unter diesem Aspekt wird in schnell wachsendem Umfang auch auf der **Systemebene** die Rechnerunterstützung allgemein und außerhalb des Problemkreises GA-Entwurf perfektioniert. Dies geschieht durch das Entwickeln und Nutzbarmachen von immer komfortableren und leistungsfähigeren Entwurfs- und Beschreibungsmitteln und den dazugehörigen Simulationsprogrammen.

Werden die auf der Systemebene entworfenen und (teilweise oder vollständig) simulierten Teilkomplexe partioniert, so ergibt sich die **Register-Transfer-Ebene**. Diese ist durch den schrittweisen Transfer von Informationen zwischen Speicherplätzen – z. B. Registern – charakterisiert, wobei Informationen verändert bzw. mit anderen Informationen verknüpft werden können.

Es folgt die **Logikebene**. Hier werden die in der Register-Transfer-Ebene noch vorkommenden komplexen Schaltungen durch Strukturen auf Gatter-Niveau aufgelöst. Dieser Gatterentwurf wird ebenfalls durch zahlreiche strukturelle und funktionelle Beschreibungssprachen unterstützt, wobei eine große Zahl dieser Sprachen als Eingabemedium für die Simulatoren auf diesem Niveau dienen. Neben Simulatoren, die nur zwei logische Zustände bearbeiten, gibt es zahlreiche, deren Simulationsergebnisse sehr viel aussagekräftiger und genauer sind, da mehr als zwei Zustände unterschieden werden. Neben dieser statischen Simulation werden auch die zeitlichen Vorgänge bis zum Erreichen der statischen Endzustände durch

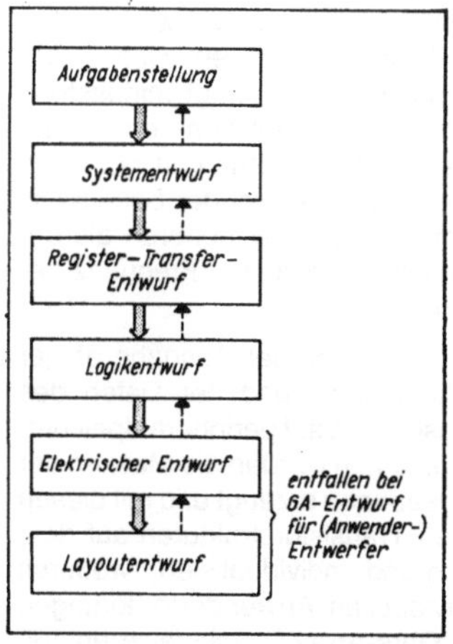


**Bild 1 Allgemeine Entwurfsebenen**

dynamische Logiksimulation – besser zeitliche Logiksimulation untersucht.
Diese oberen Entwurfsebenen bleiben die „Domäne" des Entwerfers, der durch seine konzeptionelle Arbeit, durch seine Idee, trotz aller Rechnerunterstützung maßgeblich über den Erfolg des Schaltkreises entscheidet. Dabei wird diese Kreativität bei VLSI-Entwürfen nicht darauf gerichtet sein, originelle Schaltungsdetails und transistorsparende Teilschaltungen zu entwerfen, sondern auf der Basis bewährter LSI-Komplexe und regulärer Wiederholstrukturen in kurzer Zeit funktionierende und prüfbare Schaltkreise zu entwerfen. Diese Entwurfsvorgänge von Routinearbeit – auch von Schreib- und Bedienarbeit am Rechner – zu befreien, ist ein weiterer Aspekt für das Entstehen der Beschreibungssprachen, deren Vielzahl ein Indiz für das Fehlen einer unter vielen Aspekten optimalen Sprache ist.
An den Logikentwurf schließt sich im allgemeinen der Entwurf in der Elektrik-Ebene an. Dieser beinhaltet den Ersatz der Gatterstrukturen durch Transistorschaltungen. Dieser elektrische Entwurf ist bei nichttrivialen Transistorzahlen manuell nicht beherrschbar, so daß sehr frühzeitig gerade für dieses Niveau eine Rechnerunterstützung erarbeitet wurde. Die mathematisch sehr anspruchsvollen und rechentechnisch aufwendigen Algorithmen zur Netzwerkanalyse sind zum Beispiel in /2/ und /3/ übersichtlich dargestellt und erfahren ständig Verbesserungen und Erweiterungen.
Der Entwurfsprozeß endet mit der Umsetzung des berechneten elektrischen Verhaltens in adäquate geometrische Strukturen, das heißt dem Entwerfen des Layouts der Masken für die einzelnen technologischen Schritte. Auch hier ist der Mensch durch die Fülle der Daten völlig überfordert, so daß nur in der Anfangszeit das Layout manuell entworfen wurde; heute existiert auch für diesen Entwurfsschritt eine gediegene und teilweise vollständige Rechnerunterstützung. Der Layoutentwurf führt zu Datenträgern mit den Steuerdaten für die Maskenherstellung oder für eine eventuelle Direktbelichtung mittels Elektronenstrahl. Neben einer Vielzahl von Problemen gestattet gerade diese Art ein Höchstmaß an Flexibilität bei der Schaltkreisherstellung (z. B. Multi-Projekt-Chips) und an Zeitgewinn.
Abschließend soll noch auf eine wesentliche Aufgabe hingewiesen werden, deren Lösung eigentlich mit dem Systementwurf beginnen muß. Es ist dies die zu entwerfende Prüf- und Meßbarkeit des Schaltkreises. Während dieser prüfgerechte Entwurf in jedem Falle erstrebenswert ist, *muß* er beim ASIC-Entwurf realisiert werden.

### Entwurfsablauf bei Gate-Array-Schaltkreisen

Ist entsprechend Bild 1 der Systementwurf so weit detailiert, daß Teilkomplexe als Gate-Array-Schaltkreis realisiert werden können, oder ist die Aufgabenstellung so übersehbar, daß ein Gate-Array-Schaltkreis ohne „Systementwurf" entstehen kann, so muß für diesen ein Logikplan entworfen werden. Dies bedeutet, die funktionelle Beschreibung der Aufgabenstellung in Form *Boole*scher Gleichungen, Graphen oder anderer bekannter Beschreibungsformen in eine Struktur zu überführen, die die geforderte Funktion realisiert. Beim Gate-Array-Entwurf hat dies, wie bereits bemerkt, durch ausschließliche Nutzung der in der Elementebibliothek enthaltenen und damit für den Nutzer verfügbaren Funktionselementen zu geschehen. Mit diesen Funktionselementen und wegen der Notwendigkeit eines prüfgerechten Entwurfs sind sequentielle Schaltungen nicht in beliebiger Form realisierbar (siehe Teil 2).
Der Entwurfsablauf bei Gate-Array-Schaltkreisen ist im Bild 2 skizziert.
Im Rahmen der Masterkenngrößen (Anzahl potentieller Funktionselemente der Elementebibliothek wird der (Anfangs-)Logikplan mittels einer Beschreibungssprache oder bei Vorhandensein von Grafikeditoren die strukturelle Verschaltung der Funktionslemente in den Rechner eingegeben.
Mit dieser Eingabe ist die Simulation der Funktion bis zur vollständigen Verifikation möglich. In dieser Phase – der **Entwurfssimulation** – praktiziert der kreative Entwerfer, durch leistungsfähige Simulationsprogramme unterstützt, echten rechnerunterstützten Entwurf. Durch Dialogorientierung der Simulatoren erhält der Entwerfer nach kurzer Reaktionszeit des Rechners die

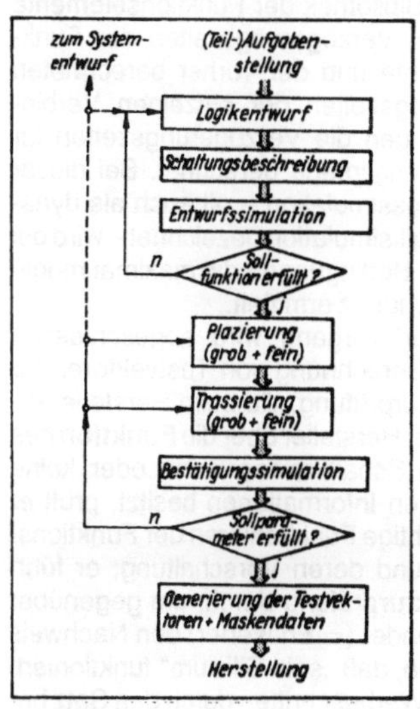


**Bild 2 Entwurfsablauf bei Gate-Array-Schaltkreisen**

Systemantwort in Form von Ausgangssignalen als Antwort auf seine Eingangsfolgen (-vektoren). Durch diese Dialogarbeitsweise sind notwendige Schaltungsänderungen und -anpassungen sofort eingebbar, womit eine iterative Angleichung der gegenwärtigen Istfunktion an die geforderte Sollfunktion realisierbar wird. Stimmen beide überein, wird die Entwurfssimulation durch den Entwerfer als „vollständig" definiert und beendet. Dabei werden in der Regel nur die zu realisierenden Hauptfunktionen geprüft und weiterhin Eingangsfolgen eingegeben, die zu keiner oder zu auszuschließenden Reaktionen führen sollen. Damit hängt von der Wahl der Eingangsvektoren die Aussagekraft der Simulationsergebnisse in entscheidendem Maße ab. Die zu nutzenden Eingangsvektoren sollten dabei sinnvollerweise parallel zum Schaltungsentwurf festgelegt werden, da in dieser Phase über die Funktion der Schaltung am intensivsten nachgedacht wird.

Diese Entwurfssimulation als eine zeitliche Logiksimulation wird oft – fälschlicherweise – statische Logiksimulation bezeichnet, weil die dynamischen Parameter der Schaltung noch nicht vollständig bekannt sind.
Nach der Entwurfsimulation folgt die Plazierung und die Trassierung. Diese werden im allgemeinen automatisch durchgeführt, wobei durch manuelle Eingriffe zielgerichtete Veränderungen und Vorgaben vorgenommen werden können. So ist zum Beispiel eine Vorplazierung oder die Festlegung von Nachbarfunktionselementen bei der für die Verarbeitungsgeschwindigkeit kritischen Teilschaltungen möglich. Um im Komplex Plazierung und Trassierung eine problemlose Verdrahtung der plazierten Funktionselemente zu ermöglichen, sollten nur etwa 80% der maximal möglichen Funktionselemente beim Entwurf genutzt werden. Nach erfolgreicher Plazierung und Trassierung, das heißt, nachdem die Verdrahtungsebenen (Alu- und Poly-Silizium-Leitbahnen) gänzlich entworfen sind, ist die genaue Länge und die Art aller Verbindungen fixiert. Damit können die durch Verdrahtungswiderstände und -kapazitäten entstehenden Verzögerungszeiten exakt – im Rahmen der Genauigkeit der benutzten Leitungsmodelle – berechnet werden.

Anschließend erfolgt die **Bestätigungssimulation**. Bei dieser werden auf der Basis der in der Bibliothek der Funktionselemente enthaltenen Verzögerungszeiten der Funktionselemente und der vorher berechneten Verzögerungszeiten der einzelnen Verbindungsleitungen die Verzögerungszeiten für alle Schaltungspfade berechnet. Bei dieser Bestätigungssimulation – oft auch als dynamische Logiksimulation bezeichnet – wird bei Worstcase-Bedingungen die maximal mögliche Taktfrequenz ermittelt.
Der Entwurfsvorgang wird abgeschlossen durch die Berechnung von Testvektoren für eine Strukturprüfung, die beim Hersteller erfolgt. Da der Hersteller über die **Funktion** des Gate-Array-Schaltkreises keine oder keine vollständigen Informationen besitzt, prüft er nur das richtige Funktionieren der Funktionselemente und deren Verschaltung; er führt eine **Struktur**prüfung durch, um gegenüber dem Anwender (= Entwerfer) den Nachweis zu erbingen, daß „sein Silizium" funktioniert. Dies ist in Werbeschriften durch den Satz beschrieben: Unser Silizium realisiert exakt Ihren Logikplan. Dies bedeutet, bei „richtigem", oder anders formuliert, die Verantwortung für die Funktion des Schaltkreises liegt beim Entwerfer! Dieser kann und muß durch die Simulation den Funktionsnachweis erbringen. Ist dies der Fall und ist die Strukturprüfung vollständig, kann eine Funktionsprüfung – wie sie bisher praktiziert wurde – bei Gate-Array-Schaltkreisen entfallen. Der Gate-Array-Schaltkreis erbringt mindestens die während der Simulation ermittelten Werte. Eine Funktionsprüfung ist nur dann sinnvoll, wenn zum Beispiel der Schaltkreis im Ausnahmefall mit einer höheren als der bei der Simulation ermittelten Frequenz betrieben werden soll.

Der Entwurf endet mit der Ausgabe obiger Strukturprüfungsdaten und der Daten des Verdrahtungslayouts auf periphere Speicher. Mit den Layoutdaten werden die Masken der Verdrahtungsebenen erzeugt und mit diesen die uniformen Transistorstrukturen auf dem Masteruntergrund individualisiert, wodurch die die individuellen Anwenderforderungen erfüllenden Gate-Array-Schaltkreise entstehen.

Abschließend soll nochmals formuliert werden, daß die Hauptaktivität bei einem Gate-Array-Schaltkreis-Entwurf *nicht* die Entwicklung von Schaltkreisen, sondern die Entwicklung und Verifikation der logischen Schaltung ist. Der Elektronikingenieur, der einen Gate-Array-Schaltkreis entwirft, muß dadurch keine detaillierten Kenntnisse über den Entwurf, sondern beispielsweise über die Makrobibliothek zur Realisierung *seiner* Schaltung besitzen.
Dies ist nur möglich, wenn ein leistungsfähiges CAD-System die umfangreichen Routinearbeiten durchführt. Ein derartiges CAD-System ist das Entwurfssystem **ARCHIMEDES** für das Gate-Array-System U 5200/5300 des VEB Forschungszentrum Mikroelektronik Dresden (ZMD). Dieses leistungsfähige System ist auf 32-Bit-Rechentechnik (z. B. K 1840) lauffähig.
Damit sehr frühzeitig und in großer Breite die Aus- und Weiterbildung zum Gate-Array-Entwurf praktiziert werden kann, wurde an der Technischen Universität Karl-Marx-Stadt das Entwurfssystem **PC-GAD** erstellt, das quelltextkompatibel zu ARCHIMEDES und auf 16-Bit-PCs lauffähig ist. Damit sind auch Teilentwürfe für kommerzielle Gate-Array-Schaltkreise am Arbeitsplatz des Entwerfers in der Industrie realisierbar.
*Die einzelnen Komponenten dieses CAD-Systems und deren Nutzung werden in den nächsten Beiträgen vorgestellt.*


**Literatur**

/1/ Reinert, D.: Entwurf und Diagnose komplexer digitaler Systeme. Berlin: Verlag Technik 1983

/2/ Elschner, H.; Möschwitzer, A.; Reibinger: Rechnergestützte Analyse in der Elektronik. Berlin: Verlag Technik 1977

/3/ Fügert, E.; Nehrkorn, P.: Dialogorientierte Netzwerkanalyse mikroelektronischer Schaltungen. Wissenschaftliche Schriftenreihe der TH Karl-Marx-Stadt (1984) 1



✉ KONTAKT ☎

Technische Universität Karl-Marx-Stadt, Sektion Informationstechnik, Reichenhainer Straße 70, Karl-Marx-Stadt, 9022; Tel. 561 31 95


## TERMINE

### Wissenschaftliche Konferenz „Computerintegrierte Systeme für die industrielle Elektroenergietechnik"

**WER?** Technische Hochschule Leipzig, Sektion Elektroenergieanlagen
**WANN?** 26. bis 28. April 1989
**WO?** Leipzig
**WAS?**

- Elektrosicherheit und Zuverlässigkeit – Qualitätsbewertung
- Rechnerintegrierte Elektroantriebssysteme
- Konstruktion und Herstellung von Elektroenergieanlagen
- Entwurf und Betrieb von Netzen in Industrie und Kraftwerken
- CAD- und Prozeßleittechnik – Software für Elektroenergieanlagen

**WIE?** Interessenten wenden sich an Technische Hochschule Leipzig, Sektion Elektroenergieanlagen (WK '89), Karl-Liebknecht-Straße 132, Leipzig, 7030

*Prof. Dr. Altmann*

### Fachtagung MIDOS '89

**WER?** AG(B) Inf./Dok. Potsdam und AG(B) Inf./Dok. Berlin der KDT
**WANN?** 30. Mai 1989
**WO?** Potsdam
**WAS?**
Anwendererfahrungen und Ausblick auf die Weiterentwicklung des Programmsystems MIDOS für die Nutzung in der wissenschaftlich-techischen Information und im Bibliothekswesen
**WIE?** Teilnehmerwünsche sind zu richten an: BVO Potsdam der KDT, SB Wissenschaft und Technik, Weinbergstraße 20a, Potsdam, 1560; Tel. 23426

*Blackert*

### IX. Wissenschaftliche Konferenz für Energiewirtschaft „Forschung und Ausbildung für die Energiewirtschaft – 20 Jahre Technische Hochschule Zittau"

**WER?** Technische Hochschule Zittau
**WANN?** 7. bis 9. Juni 1989
**WO?** Zittau
**WAS?**

- Gestaltung von Energieversorgungssystemen
- Kohle- und Kernkraftwerke
- Hauptausrüstungen für Elektroenergie-Verteilungsanlagen
- Rationelle Energieausnutzung und Umweltschutz
- Instandhaltung und technische Diagnostik
- Automatisierung energetischer Prozesse
- Energie und Gesellschaft

**WIE?** Teilnahmemeldungen bitte an Technische Hochschule Zittau, Prof. Dr. G. Schumann, Theodor-Körner-Allee 16, Zittau, 8800; Tel. 610, Telex 284240

*Vollack*

# EPROM-Programmiereinrichtungen aus dem IfAM Erfurt

**Jürgen Wrenzitzki**
**Ingenieurbetrieb für die Anwendung der Mikroelektronik Erfurt**

*In der DDR werden Halbleiterbauelemente für verschiedene Mikroprozessorsysteme entwickelt und produziert. Die Bereitstellung und ständige Weiterentwicklung von LSI-Speicherbausteinen ist dabei unverzichtbarer Faktor. Seit dem Debüt des p-Kanal-EPROMs U 552 C ist in der DDR eine kontinuierliche Entwicklung auf dem EPROM-Sektor zu verzeichnen. Die Entwicklung ging über den 1-KByte-EPROM U 555 C (2708) in n-Kanal-Technologie bis hin zum U 2764 C, der den Besuchern der Leipziger Frühjahrsmesse 1988 präsentiert wurde. Mit der fortschreitenden Technologieentwicklung wird auch die künftige Entwicklung von Halbleiterspeichern einhergehen.*

Die bisher durch den IfAM Erfurt vertriebene Programmleiterkarte EPROM 1/EPROM 1-Z fand einen breiten Anwenderkreis. In diesem Beitrag werden die neuen Programmiermodule EPROM 1-W und EPROM 2 vorgestellt, die seit dem IV. Quartal 1988 lieferbar sind.
Für die Programmierung von EPROMs, besonders der neuen Typen, wird seit 1987 durch den IfAM Erfurt ein EPROM-Programmiermodul für den PC 1715 vertrieben, der auch in K-1520-Rechnern einsetzbar ist /1/.
Die Entwicklung dieses Programmiermoduls EPROM 1/EPROM 1-Z im IfAM Erfurt hatte folgende Ziele:

– Schaffung einer universellen Hardwarelösung, die es ermöglicht, EPROMs der Typen 2708 bis 27256 zu programmieren
– Nutzbarmachung dieser Lösung speziell für den PC 1715 und darüber hinaus auch für K-1520-Rechner
– Unterstützung der Anwender durch ein breites Spektrum an mitgelieferter Steuersoftware für unterschiedliche Betriebssysteme und Rechner
– Keine Verwendung von Typensteckern oder dergleichen für die Typumschaltung.

Die geschaffene Lösung EPROM 1/EPROM 1-Z berücksichtigt alle Anwender, die den U 555 C und dessen Äquivalenztypen in ihrer Technik noch einsetzen. Rechner, die herstellerseitig bereits mit Programmiermoduln (für U 555 C) versehen waren (MRES, MC 80), können mit dem Programmiermodul des IfAM Erfurt ausgerüstet werden /2/.
Die bisher gesammelten Anwendererfahrungen weisen eine positive Resonanz aus, zeigen aber auch, daß besonders im Sinne der technischen Weiterentwicklung auf dem EPROM-Sektor die Einsatzfähigkeit der EPROM 1/EPROM 1-Z für neue Bauelemente begrenzt ist. Die technischen Erfordernisse, die Anwendererfahrungen mit dem Programmiermodul EPROM 1/EPROM 1-Z, die Verbreitung neuer Rechnertypen und damit verbunden neuer Betriebssysteme in der DDR waren Anlaß zu weiteren Arbeiten und zur Realisierung von zwei neuen Programmer-Versionen. Neben den auf internationaler Ebene industriell hergestellten EPROM-Programmiergeräten (die ausschließlich diesem Zweck dienen), die mit eigener „Intelligenz", Speicher zur Datenpufferung und Standard-Schnittstelle (V.24, RS 232 C ...) ausgerüstet sind, liefern einige Hersteller von Rechnerentwicklungssystemen systemeigene Programmer, die entweder direkt am Systembus oder über eine Schnittstelle in das System implementiert sind. Die Steuerung des Programmers und auch der notwendige Datenpuffer werden durch das System organisiert. Dadurch reduziert sich der erforderliche Hardwareaufwand im wesentlichen auf die Schnittstelle zum System und auf eine diskrete Schalter-/Treiberlogik zur Steuerung bzw. Umschaltung der Anschlüsse am Programmiersockel. Der Einsatz von Typensteckern (Characterizer) oder sogenannter Personality-Moduln zur Typumschaltung wird meist vermieden. Diese zuletzt genannten Faktoren und der Gedanke an eine flexible Lösung für verschiedene Rechner und Betriebssysteme führten im IfAM Erfurt zur Entwicklung von zwei ähnlichen EPROM-Programmer-Moduln, die sich durch ihre Schnittstellen unterscheiden.
Die EPROM 1-W nutzt (wie auch die EPROM 1/EPROM 1-Z) den Systembus des vorhandenen Rechners (K-1520-Rechner oder PC 1715) und wird über PIO-Bausteine U 855 D gesteuert. Die EPROM 2 ist für Rechner mit MS-DOS-kompatiblen Betriebssystemen vorgesehen und nutzt die (meist vorhandene) parallele Druckerschnittstelle (Centronics-Port). Der Datenaustausch zwischen Rechner und Programmer erfolgt seriell gepuffert. Beide Programmer EPROM 1-W und EPROM 2 erlauben die Programmierung von EPROMs der Typen 2716 bis 27256 in allen für sie gültigen Betriebsarten, sofern sie für den entsprechenden EPROM-Typ zugelassen bzw. vorgesehen sind. Die Software-Erweiterung auf die Typen 27512, 27513 bzw. für alle EPROMs im 28poligen Gehäuse, die der schon *historischen* Anschlußbelegung für 8-Bit-EPROMs entsprechen, ist ohne Hardwareänderungen möglich. Die Erweiterung des Typenspektrums auf EPROMs mit 16-Bit-Datenwortbreite ist konzeptionell möglich. Allerdings erfordert dies zusätzliche Hardware und wegen des notwendigen Einsatzes eines 40poligen Programmiersockels eine Abwendung vom Prinzip der *reinen Softwaresteuerbarkeit* des Programmers.
Unabhängig vom speziellen Programmertyp wird versucht, den Anwender in seinen Belangen hinsichtlich der Programmierung und Nutzung von EPROMs auf verschiedenen Rechnerbetriebssystemen durch die mitgelieferte Steuersoftware (plus Dokumentation) in hohem Maße zu unterstützen.
Es werden die Routinen

- *softwaremäßige Typauswahl* (Select, Exchange)
- *automatische Typauswahl* (Identify)

die EPROM-typischen Algorithmen

- *Leerkontrolle* (Blank Device Test)
- *Einlesen von Master-EPROM* (Fill)
- *Programmieren (in allen erforderlichen Modi)* (Program)
- *Vergleichen EPROM ↔ Puffer* (Compare)

und die für die File-Bearbeitung erforderlichen Software-Hilfsmittel

- *Laden von Disk(ette) (+ Verbinden von Files im Puffer)* (Load)
- *Schreiben auf Disk(ette) (+ Aufspalten von Files im Puffer)* (Save)
- *Ansehen des Pufferinhaltes bzw. der EPROM-Daten* (Display)
- *Verändern des Pufferinhaltes + Dateneingabe von Console* (Modify)
- *Beschreiben des Puffers mit Konstanten* (Konstant)

zur Verfügung gestellt.

Die Programmiermoduln werden als unbestückte, industriell hergestellte, durchkontaktierte Zwei-Ebenen-Leiterkarten angeboten, wobei die EPROM 1-W im K-1520-Format geliefert wird. Die Konfigurierung dieser Karte für den PC 1715 erfolgt durch den Anwender. Für die Innbetriebnahme der Leiterplatten erhält der Anwender alle erforderlichen Dokumentationen und Programme auf Anwenderdiskette plus Stromlaufplan und Bestückungsunterlagen.

**Literatur**

/1/ Programmiermodul für PC 1715. Radio, Ferns., Elektron. 36 (1987) 1, S. 4
/2/ MRES-Software für Programmiermodul EPROM 1. Radio, Ferns., Elektron. 36 (1987) 8, S. 475

**✉ KONTAKT ☎**

VEB Mikroelektronik „Karl Marx" Erfurt, IfAM Erfurt, Abt. CI 4 (Vertrieb) bzw. CI 2 (Technik), Rudolfstraße 47, Erfurt, 5010; Tel. 621 02/34 (CI 4) bzw. 621 02/23 (CI 2)

**Kleines Lexikon der Mikrorechentechnik**

**E wie Echtzeitverarbeitung**

Zeichnung: Dahmen

# MSX – ein unbekannter Standard?

**Michael Lennartz, Ludwigsfelde**

*Weitgehend unbekannt auf dem Markt der Heimcomputer in Westeuropa und den USA ist MSX, ein von führenden Firmen der Unterhaltungselektronik vereinbarter Standard für Computer des semiprofessionellen und des gehobenen Hobbybereichs. Konzept und Leistungsumfang dieser Geräte werden im folgenden Beitrag vorgestellt.*

MSX steht für *Microsoft Super Extended Basic* und kennzeichnet einen Rechnerstandard, der Hardware und Betriebssystem umfaßt. Das 1982 von Microsoft ASCII Tokio entwikkelte System, dem sich führende Firmen der Unterhaltungselektronik angeschlossen haben (u. a. Philips, Panasonic, Sony, Sanyo, Yamaha, Spectravideo und der Hersteller der LASER-Computer, Video Technology), basiert auf dem Mikroprozessor Z80A /1/. Die Weiterentwicklung MSX2 wurde 1984 vorgestellt, wobei zwischen MSX und MSX2 Aufwärtskompatibilität besteht. Hier wurde im wesentlichen die verbesserte Schaltkreisbasis berücksichtigt, indem ein neuer videotext-kompatibler Videoprozessor und ein größerer RAM-Bereich eingesetzt werden (vergleiche Tafel 1) /2/, /3/.

Das Besondere, das die Stärke von MSX ausmacht, ist der außerordentlich hohe Standardisierungsgrad. Nicht nur Mikroprozessor, Taktfrequenz und Videoprozessor sind genormt, sondern auch Tastatur und Steckplätze für die Erweiterungsmodule. Unabhängig vom Hersteller des Rechners, eines Zusatzmoduls oder eines Programms kann der Besitzer eines MSX-Rechners sicher sein, daß alle Komponenten paßfähig sind. Das ist anwenderfreundlich, hat aber auch positive wirtschaftliche Aspekte für die Herstellerfirmen. Die Konzerne der Unterhaltungselektronik, die nicht in erster Linie Computer herstellen, sondern eher um eine Symbiose zwischen Rechner und Audio- bzw. Videotechnik bemüht sind, müssen zu einem Rechner nicht noch eine Vielzahl von Zusatzmodulen und Software produzieren, sondern können sich auf ein einzelnes Produkt beschränken, das in die spezifische Erzeugnispalette paßt. Als Beispiel kann der Musikcomputer CX5M von Yamaha genannt werden, der einen eigenen Klangprozessor besitzt /4/.

Der auf ROM befindliche Basic-Interpreter ist eine Entwicklung von Microsoft und verfügt neben den von MBASIC bekannten Befehlen Anweisungen für Tonerzeugung und Grafik und unterstützt Multitasking-Anwendungen mit dem Befehl **ON INTERVAL GOSUB**. Durch die Verwendung von 14stelligen BCD-Zahlen werden Rundungsfehler vermieden. Obwohl als Heimcomputerstandard konzipiert und durch den Kassettenrecorder als primären Massenspeicher deutlich für den privaten Bereich ausgezeichnet, weisen die hohe Taktfrequenz und die Einführung des Diskettenbetriebssystems MSX-DOS darauf hin, daß MSX auch im professionellen Bereich einen Platz beanspruchen kann. Das Betriebssystem CP/M läßt sich nachladen, wodurch die umfangreiche CP/M-Software prinzipiell nutzbar wird, in der Praxis dürfte es bei MSX allerdings Schwierigkeiten durch das Bildschirmformat geben.

In den technischen Parametern ist der Bildungscomputer A 5105 mit den MSX-Rechnern vergleichbar. Der UA 880 D ist zum Z 80 A kompatibel, ebenfalls ist im A 5105 ein farbgrafikfähiger Videoprozessor mit 64 K × 16 Bit RAM für die Bildschirmsteuerung enthalten. Zur Grundausstattung gehören weiterhin ein 48-KByte-ROM-Basic (14 Stellen Rechengenauigkeit) und 64 KByte RAM sowie ein Diskettenlaufwerk und das Betriebssystem SCP.

Außerhalb von Japan ist der Erfolg von MSX bisher mäßig geblieben. Die Gründe dafür sind vielschichtig, aber sicher auch mit dem Erscheinen des IBM-PC und der Kompatiblen sowie dem folgenden Preisverfall für Geräte der 16-Bit-Klasse verbunden. MSX ist trotzdem ein Beispiel dafür, daß die Leistungsfähigkeit der 8-Bit-Technik zum Zeitpunkt des Übergangs zur 16-Bit-Technik noch nicht ausgeschöpft war.

**Tafel 1 Vergleich von MSX, MSX2 und BIC A 5105**

| | MSX | MSX2 | A 5105 |
|---|---|---|---|
| *Prozessor* | *Z 80 A* | *Z 80 A* | *UA 880 D* |
| *Taktfrequenz (typisch)* | *3,58 MHz* | *3,58 MHz* | *3,75 MHz* |
| *Videoprozessor* | *TMS9929A Texas Instruments* | *V9938 Yamaha* | *U 82720 VEB MME* |
| *Bildschirmformat* | *24 Zeilen zu ≥32 Zeichen* | *24 Zeilen zu 80 Zeichen* | *25 Zeilen zu 40/80 Zeichen* |
| *Video-RAM* | *≥ 16 KByte* | *≥ 64 KByte* | *64 K × 16 Bit* |
| *Grafikformat* | *256 × 192 Pixel* | *512 × 212 Pixel* | *640 × 200 oder 320 × 200 Pixel* |
| *Farben* | *16* | *256* | *16* |
| *RAM* | *≥8 KByte meist 64 KByte* | *≥64 KByte* | *64 KByte* |
| *Tongenerator* | *ja* | *ja* | *ja* |
| *Interfaces* | *Joystick Kassettenrecorder* | *Joystick Kassettenrecorder Maus Rollkugel Lichtgriffel* | *Joystick Kassettenrecorder Bus-Schnittstelle (im Grundgerät)* |
| *Basic* | *32 KByte ROM 144 Befehle* | *48 KByte ROM* | *48 KByte ROM RBASIC* |
| *Diskettenbetriebssystem* | *MSX-DOS (über Modul)* | *MSX-DOS (über Modul)* | *SCPX 5105* |

**Literatur**


/1/ Hess, R.: Ganz schön flottes Innenleben. Chip, München (1985) 9, S. 238

/2/ Die zweite Generation. Chip, München (1986) 1, S. 184

/3/ Neues vom Standard. Chip, München (1985) 9, S. 72

/4/ Die aktuellen MSX-Computer. Chip, München (1985) 9, S. 74


## Zugriffsanzeige für RAM-Floppy

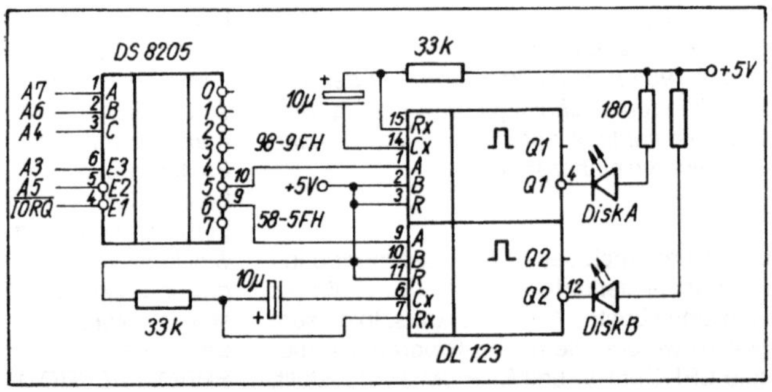


Beim Betrieb von zwei RF-Karten nach MP 3/1988, Seite 74, war der nicht sichtbare Zugriff auf die RAM-Floppy durch den Rechner störend, da man nicht weiß, ob überhaupt noch etwas passiert, wenn der Rechner an einer etwas länger dauernden Aufgabe arbeitet.

Da an der RF-Karte keine Anzeige für einen Zugriff vorgesehen ist, würde, um eine Änderung der RF-Karte zu vermeiden, die Anzeige über den Systembus realisiert. Das heißt, daß die Zusatzschaltung auf einer kleinen Universalleiterkarte aufgebaut und auf einen freien Bussteckplatz gesteckt werden kann. Wird durch den Rechner auf eine der zu einer RAM-Floppy gehörenden Adressen zugegriffen, dekodiert der Dekoder ein Steuersignal für ein nachfolgendes Monoflop, welches die sehr kurzen Zugriffsimpulse auf ein „sichtbares" Maß verlängert.

Durch eine Änderung der Anschlüsse am Dekoder 8205 oder durch Belegung mit anderen Adreßleitungen können auch andere I/O-Grundadressen gewählt werden. Die in der Schaltung benutzten I/O-Grundadressen 98H und 58H resultieren aus dem Betrieb am Z 1013 und haben eine untergeordnete Bedeutung.

*Rainer Brosig*

## Basic-Run im OS für die KC 87-Familie

Beim wiederholten Start des Basic-Interpreters im Betriebssystemmodus durch WBASIC bzw. REBASIC erfolgt die Abarbeitung der Initialisierungsroutine INITR mit einem anschließenden Sprung zur Routine EDIT des Interpreters. Die Analyse der Interpreterroutinen RUN und RUNMOD hat ergeben, daß das Basic-Kommando RUN im Betriebssystem realisiert werden kann, indem statt des Sprungs zur Routine EDIT nach INITR die Routine NEW2 gerufen und anschließend ein Sprung zu RUNMOD durchgeführt wird. Eine Implementierung für KC 85/1 und

```
OSRUN  Dok.

LINE          SOURCE

              PN    OSRUN
      ;
              ORG   7F00H
      ;
      INITR:  EQU   0C669H
      RNMOD:  EQU   0C854H          ;=RUNMOD
      NEW2:   EQU   0C64FH
      ;
      ANF:    JMP   OSRUN
              DB    'RUN
              DB    0
      ;
      OSRUN:  CALL  INITR           ;Einstieg wie bei
                                    ;WBASIC bzw. REBASIC
              CALL  NEW2
              JMP   RNMOD
      ;
              END
```

KC 87 kann, wie im angegebenen ASM-Listing aufgezeigt, erfolgen. Durch Eingabe von RUN ENTER kann damit ein Basic-Programm sowohl im OK als auch im Betriebssystemmodus gestartet werden. Diese Möglichkeit eignet sich für den Start einer Kombination von Basic- und Maschinencodeprogrammen, welche als Datei vom Typ COM erzeugt wurde und für die nach dem bzw. durch das Laden eine Initialisierung des Basic-Notizspeichers der Kombination entsprechend erfolgt. Für den Start des Basic-Teils der Kombination ist lediglich der Teil ab OSRUN im ASM-Listing in den Maschinencodeprogrammteil der Kombination aufzunehmen und die Startadresse beim Erzeugen der COM-Datei entsprechend zu wählen.

**Literatur**

/1/ Völz, H.: Subroutinen des BASIC-Interpreters von den KC-Rechnern. Mikroprozessortechnik 1 (1987) 6, S. 182

/2/ Völz, H.: Universelle Nutzung des BASIC-Interpreters. Mikroprozessortechnik 1 (1987) 7, S. 221

*Dr. Lothar Boltze*

## REDABAS-Tip

*Sinusfunktion*

```
*------------------------------------------------------------------
* SINUS.PRG / 11.09.87 / REALISIERUNG DER SINUS-FUNKTION
*------------------------------------------------------------------
* DAS BERECHNUNGSVERFAHREN IST IN DER BEDIENUNGSANLEITUNG DES
* MINIREX 75,VEB ROEHRENWERK MUEHLHAUSEN ZU FINDEN.
* DER WERTEBEREICH IST ZWISCHEN 0 UND 90 GRAD !
* DIE GENAUIGKEIT IST BESSER ALS 0.01 %.
*------------------------------------------------------------------
* EINGANG: ME1 = < WINKEL (NUMERISCH,IN GRAD >
*
* INTERN : MI1...MI3 = HILFSVARIABLEN
*
* AUSGANG: MA1 = < ERGEBNIS >, MA1 = SIN ( ME1 )
*------------------------------------------------------------------
STORE ME1/90 TO MI1
STORE 1.5706268 * MI1 TO MA1
STORE 3 TO MI2
STORE 1 TO MI3
DO WHILE MI2 > 0
 STORE MI3 * MI1 TO MI3
 STORE MI2-1 TO MI2
ENDDO
STORE MA1+(-0.6432292 * MI3) TO MA1
STORE 2 TO MI2 •
DO WHILE MI2 > 0
 STORE MI3 * MI1 TO MI3
 STORE MI2-1 TO MI2
ENDDO
STORE MA1+0.0727102 * MI3 TO MA1
RELEASE MI1,MI2,MI3,ME1
RETURN
*------------------------------------------------------------------
```

Zur Berechnung der Sinusfunktion (Bild) wird folgende Gleichung benutzt:

$$\sin w = a\,x + b\,x^3 + c\,x^5$$

$$\text{mit } x = \frac{w\ (\text{in Grad})}{90^\circ} \quad \text{und} \quad \begin{aligned} a &= 1.5706268 \\ b &= -0.6432292 \\ c &= 0.0727102 \end{aligned}$$

*Thomas Steffens*

## FBAS-Anschluß für Farbfernsehgeräte der Serie 3000

Der Anschluß eines Computers an einen Fernsehempfänger über das FBAS-Signal bringt gegenüber dem HF-Eingang einen merklichen Qualitätsgewinn. Farbfernsehgeräte der Serie 3000 (Colortron, Colorett) des VEB Fernsehgerätewerke Staßfurt sind nur für den Anschluß audiovisueller Geräte über Antenneneingang vorbereitet. Die im folgenden beschriebene Lösung ist ohne Änderung an den Leiterplatten und ohne Ausbau von Baugruppen des Empfängers nachrüstbar.

Die vom Computer kommenden Ton- und FBAS-Signale werden durch die Transistorstufen T1 und T2 nachverstärkt. Mittels der Einstellregler lassen sich die Pegel so anpassen, daß beim Umschalten der Betriebsarten keine Nachregelung der Lautstärke und des Kontrastes nötig ist. Die Einkopplung des FBAS-Signals erfolgt über T3 am Emitterwiderstand der Video-Vorverstärkerstufe T 2392, der am Anschluß 6 des Steckverbinders Bu 1004 liegt. Die Umschaltung des Videokanals wird über die 12,5-V-Betriebsspannung vorgenommen. Die 12,5-V-Zuführung für den HF- und ZF-Teil des Empfängers (Empfangsleiterplatte) wird am Anschluß 2 des Steckverbinders Bu 1002 abgetrennt und an den Umschaltkontakt 3 geführt. Umschaltkontakt 2 wird mit dem Anschluß 2 der Bu 1002 verbunden. Da die 12,5-V-Betriebsspannung unabhängig von der Betriebsart am Kontrast- und Helligkeitsregler benötigt wird, ist eine zusätzliche Verbindung zwischen Anschluß 2 der Bu 1002 und der oberen Anschlußfahne des Helligkeitsreglers R 1363 (schwarze Leitung) herzustellen. Die 12,5-V-Verbindung zwischen Helligkeits- und Kontrastregler (schwarz) bleibt bestehen, aber die ursprüngliche 12,5-V-Zuführung (schwarz) zum Kontrastregler ist zwischen diesem und dem Kabelbaum durchzutrennen.

Im Tonkanal werden die Signalwege am Eingang des Klangreglers umgeschaltet. Dazu wird das geschirmte Kabel am Anschluß 199 auf der Empfangsleiterplatte abgelötet und zum Umschaltkontakt 5 verlängert. Zwischen Leiterplattenanschluß 199 und Umschaltkontakt 6 ist eine geschirmte Verbindung herzustellen.

Die zusätzliche Schaltung läßt sich leicht an der Plasteplatte unterbringen, die die Antennenbuchse des Empfängers trägt. Unterhalb der Antennenbuchse befinden sich zwei vorbereitete Ausbrüche für den Einbau von Anschlußbuchsen. Eine dieser Öffnungen kann für die Unterbringung des Umschalters genutzt werden. Nach unten ist noch genügend Raum für eine kleine Leiterplatte mit der Verstärkerschaltung vorhanden.

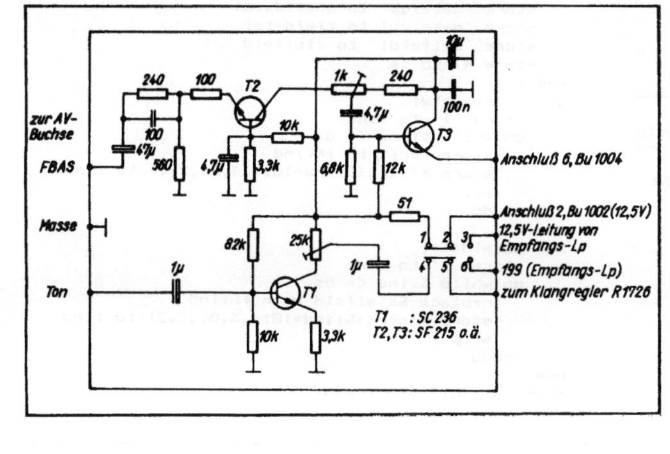


**Literatur**

/1/ Schornack, W.; Sonka, U.: Videorecorderanschluß für Fernsehempfänger. Radio, Ferns., Elektron., Berlin 35 (1986) 7, S. 439

/2/ Blochwitz, E.: Bild- und Tonanschluß mit RGB-Qualität für Farbfernsehgeräte der Serie 4000. Mikroprozessortechnik, Berlin 2 (1988) 2, S. 61

/3/ Stromlaufplan Colortron, Colorett Serie 3000 (1980). VEB Fernsehgerätewerke Staßfurt

*Günter Salzmann*

## Kopieren und Retten von Bildschirminhalten

Die vorgestellte Routine für den KC 85/3 ermöglicht die Erzeugung speicherplatzgünstiger Kopien von Bildschirminhalten mittlerer Dichte. Dabei werden je Bild nur etwa 2 bis 5 KByte benötigt. Erst bei sehr dichten Bildern steigt der RAM-Bedarf über die Originalgröße des Pixel-RAM (10 KByte). Die erzeugten Kopien sind unabhängig vom ursprünglichen COPY und auf jeder Adresse lauffähig.

*Arbeit mit COPYR*

Das Programm liegt im vom Basic-Interpreter (ROM-Basic) nicht genutzten Bereich, lediglich der Platz für die Kopie muß reserviert werden.

Aufruf aus Basic:
DOKE 0, aaaa : REM Adresse der Kopie
POKE 2, n : REM Bildnummer
CALL * 200 : REM Ruf COPYR

Aufruf aus CAOS-Menü:
% COPY aaaa n

Aufruf aus COM-Routinen:
LD HL, aaaa
LD DE, n
CALL 0021EH

Nach Erzeugung der Kopie wird aus HL ihre Endadresse als Hex-Zahl ausgegeben.

Retten der Kopie:
% SAVE aaaa eeee

Aufruf der Kopie:
BASIC: CALL * aaaa
MENU: RECOPYn
COM: CALL aaaa + 016 H

Altes und neues Bild werden ODER-verknüpft.

*Heiko Schlittermann*

| | | | | | | | | | |
|---|---|---|---|---|---|---|---|---|---|
| 200 | CD | 18 | F0 | FD | E5 | 2A | 00 | 00 | 03E1 |
| 208 | ED | 5B | 02 | 00 | CD | 1E | 02 | FD | .0334 |
| 210 | E1 | CD | 1B | F0 | C9 | 00 | 00 | 7F | 0401 |
| 218 | 7F | 43 | 4F | 50 | 59 | 01 | D5 | E5 | 0375 |
| 220 | 11 | 73 | 02 | EB | 01 | 36 | 00 | ED | 0295 |
| ?28 | B0 | FD | E1 | ED | 53 | 15 | 02 | D1 | 04B6 |
| 230 | 3E | 30 | 83 | FD | 77 | 14 | 21 | FF | 0399 |
| 238 | 7F | 06 | 00 | 23 | 04 | E5 | 11 | FF | 02A1 |
| 240 | A7 | A7 | ED | 52 | E1 | 28 | 1D | 3E | 03F1 |
| 248 | FF | B8 | 7E | C2 | 5C | 02 | E5 | 2A | 0464 |
| 250 | 15 | 02 | 70 | 23 | 77 | 23 | 22 | 15 | 017B |
| 258 | 02 | AF | 47 | E1 | FE | 00 | C2 | 4E | 03E7 |
| 260 | 02 | C3 | 3B | 02 | 2A | 15 | 02 | 36 | 0179 |
| 268 | 00 | 23 | CD | 03 | F0 | 1A | CD | 03 | 02CD |
| 270 | F0 | 2C | C9 | CD | 18 | F0 | CD | 0F | 0496 |
| 278 | F0 | 0E | 00 | CD | 1B | F0 | C9 | 7F | 041E |
| 280 | 7F | 52 | 45 | 43 | 4F | 50 | 59 | 20 | 0271 |
| 288 | 01 | CD | 0F | F0 | 18 | 00 | 11 | 1B | 0211 |
| 290 | 00 | 19 | EB | 21 | FF | 7F | 06 | 00 | 02A9 |
| 298 | 1A | FE | 00 | C8 | 13 | 4F | 09 | 1A | 0265 |
| 2A0 | 13 | 4E | B1 | 77 | 18 | F0 | E1 | E5 | 0457 |
| 2A8 | C9 | 00 | | | | | | | 00C9 |

# Indizierte Variablen und Felder unter REDABAS

**Dr. Thomas Streubel**
**Präsidium der Kammer der Technik**

Bei Anwendung des Datenbanksystems REDABAS können in der 8-Bit-Version bekanntlich bis zu 64, in der 16-Bit-Version 256 Variablen genutzt werden. Da ihre zügige sequentielle Selektion relativ umständlich zu erreichen ist, wurden bereits in /1/ und /2/ entsprechende schnelle Zugriffsprogrammvarianten erarbeitet.

Der triviale Fall einer Arbeit mit indizierten Variablen ist in Anlehnung an /1/ im Bild 1a dargestellt. Es werden beispielhaft 54 Variablen (VARI1 bis VARI54) generiert und auf den Wert Null gesetzt. Dabei ist deutlich die Rolle des Makrooperators erkennbar, mit dem die Indexziffern als Zeichenkette an den Variablennamen angehängt werden. Zur Lösung des dabei entstehenden Problems, die wechselnde Stellenzahl dieses Wertes ohne ein führendes, fehlererzeugendes Leerzeichen zu erreichen, wurde ein entsprechender Test in der **IF**-Schleife eingesetzt. Durch eine weitere Umgestaltung dieses Größentests im IF-Zweig ist sofort eine Erweiterung auf über 100 indizierte Variable für die 16-Bit-Version realisierbar. Die dann entstehende geschachtelte **IF**-Anweisung stellt wie ihr gezeigtes kleineres 8-Bit-Pendant (auch im Falle der Nutzung der **CASE**-Klausel) eine relativ große Folge von Einzelanweisungen dar, die durch den REDABAS-Interpreter recht laufzeitintensiv abzuarbeiten ist.

Akzeptiert man dagegen die Variablen auch in der Form VARI01, VARI02 bis VARI62 (8-Bit-Version) bzw. VARI001, VARI002 bis VARI254 (16-Bit-Version), so schaffen jeweils die einfachen einzeiligen Anweisungen

store $ (str((&ind + 101), 3, 0), 2, 2) to ind (8-Bit)

bzw.

store $ (str((&ind + 1001), 4, 0), 2, 3) to ind (16-Bit)

den gleichen Effekt! Im Bild 1b ist die sich durch Nutzung der entsprechenden $-Anweisung dann stark reduzierende Grundschleife für die 8-Bit-REDABAS-Version gezeigt. Durch diese Substring-Anweisung wird der Laufindex künstlich um den Wert 101 erhöht, um ihn dadurch exakt längendefiniert und inkrementiert auf die Index-Zeichenkette *IND* abzubilden. Implementiert man in einer weiteren Schleife eine entsprechend indizierte **RELEASE**-Anweisung, so werden die erzeugten Variablen schnell gelöscht. Leider erfolgte in /1/ bezüglich der erwähnten Selektion von indizierten Datenfeldern keine Beispieldarlegung. Im Bild 2 wird an Hand der Berechnung eines Prozentwertes und dessen Ablage gezeigt, wie die in (allen) Datensätzen vorhandenen Felder KRIT01 bis KRIT23 einer Quelldatei DATEI1 einem sequentiellen Zugriff unterworfen werden. Dabei erfolgte das Einschreiben der berechneten (Prozent-)Werte in die (ebenfalls für die Indizierung entsprechend strukturierten) Felder DATFELD01 bis DATFELD23 einer gleichgroßen Zieldatei. Der Makrooperator dient hier nicht nur der Indizierung, sondern deutet die hohe Flexibilität der Nutzung eines solchen Moduls an. Das dritte Bild stellt eine diesbezüglich interessante Variation der Mehrfachanwendung von Grundschleifen dar. Es werden in den 2 Beispielzyklen durch Anwendung des Makrooperators sowohl die Berechnungsalgorithmen (hier einfache Prozent- und Promilleberechnungen), die Quelldateien (DATEIQA und DATEIQB), die Zieldateien (DATEIZX und DATEIZY) als auch die darin befindlichen Ergebnisablagefelder (KENNFELD und BEIFELD) der aktuellen Zieldatei variiert. Dabei wird außerdem in den *kleinen* Schleifen über eine weitere Variable (DS) gesichert, daß (alle) 33 bzw. 47 Datensätze der entsprechend gewünschten Berechnung unterzogen werden. Es ist denkbar, mit 2 weiteren Variablen nach dem Öffnen von Quell- bzw. Zieldatei unterschiedlichste Datensätze anzuwählen, um auf diese Art und Weise gezielt selektiv und/oder mit einem gewissen Datensatzoffset zu arbeiten. Mit einem solchen Modul ist es möglich, maximale Flexibilität zur Realisierung unterschiedlichster Algorithmen zu erreichen.

Der interessierte Leser wird mit den hier dargestellten Beispielen der unüblichen Indizierung auch in 8- und 16-Bit-REDABAS-Datenbanksystemen in die Lage gebracht, dieses wirksame Hilfsmittel in eigenen Programmodulen rationell einzusetzen. Hervorzuheben ist eine dann damit fast gleichzeitig erreichbare außerordentlich hohe Flexibilität der Nutzung einmal erstellter Grundmodule, die im nicht unwesentlichen Maße zur Qualitätserhöhung und zur Mehrfachnutzung von Software beitragen können.

**Literatur**

/1/ Matzke, B.: Indizierte Variablen unter REDABAS. Mikroprozessortechnik, Berlin 2 (1988) 4, S. 104

/2/ Hilbert, A.: Diagrammdarstellung auf dem PC 1715. Mikroprozessortechnik, Berlin 2 (1988) 5, S. 152

✉ KONTAKT ☎

Kammer der Technik, Präsidium, Clara-Zetkin-Straße 115/117, Berlin, 1086; Tel. 2265200

*Bild 2*

```
store 23 to kritanz
store 'datei1' to qelldatei
store 'datei2' to zieldatei

select primary
use &qelldatei
select secondary
use &zieldatei
select secondary
set linkage on
do while .not. eof
   store '1' to ind
   goto &ind
   do while &ind <= kritanz
      replace datfeld&ind with (p.krit&ind/p.bezwert)*100
      store $(str((&ind+101),3,0),2,2) to ind
   enddo
   skip
enddo
select primary
use
select secondary
use
release quelldatei,zieldatei,kritanz,ind
```

```
* Beispiel der Arbeit mit indizierten Variablen VARI1 bis VARI54

*********   Beginn einer indizierten Grundschleife ****
            store '1' to ind
            store val(ind) to i
            do while i <= 54
*********      Anweisungsteil                      ********
               store 0 to vari&ind
*********      Ende des kurzen Anweisungsteils ********
               store val(ind) to i
               store i+1 to i
               if i < 10
                  store str(i,1,0) to ind
               else
                  store str(i,2,0) to ind
               endif
            enddo
            release i,ind
*********   Ende der indizierten Grundschleife ********
```

*Bild 1a*

*Bild 1b*

```
* Beispiel der Arbeit mit indizierten Variablen VARI01 bis VARI54
* unter Nutzung einer wesentlich reduzierten Grundschleife


*********   Beginn einer indizierten Grundschleife ****
            store '1' to ind
            do while &ind <= 54
*********      Anweisungsteil                      ********
               store 0 to vari&ind
*********      Ende des kurzen Anweisungsteils ********
               store $(str((&ind+101),3,0),2,2) to ind
            enddo
            release ind
*********   Ende der indizierten Grundschleife ********
```

*Bild 3*

```
store 1 to anzahl
do while anzahl <= 2
   if anzahl=1
      store '((bsberges/bsbestges)*100)  to krit
      store 'dateiqa' to quelldatei
      store 'dateizx' to zieldatei
      store 'kennfeld' to zielfeld
      store 33 to ds
   endif
   if anzahl=2
      store '(((sksi+mksi)/(sksz+mksz))*1000)' to krit
      store 'dateiqb' to quelldatei
      store 'dateizy' to zieldatei
      store 'beifeld1' to zielfeld
      store 47 to ds
   endif
   use &quelldatei
       store '1' to iind
       do while &iind <= ds
          store &krit to f&iind
          store $(str((&iind+101),3,0),2,2) to iind
          skip
       enddo
   use
   use &zieldatei
       store '1' to iind
       do while &iind <= ds
          replace &zielfeld with f&iind
          store $(str((&iind+101),3,0),2,2) to iind
          skip
       enddo
   use
   store anzahl+1 to anzahl
enddo
```

# PC-Hauptspeichererweiterungen

Im Jahre 1981 präsentierte IBM den ersten *Personal Computer* mit dem Betriebssystem PC-DOS. Dieser Computer verfügte damals noch über 16 KByte Hauptspeicher. Auch sein Nachfolger, der PC/XT, hatte 1983 erst 64 KByte. Damals erschien die theoretische Grenze des PC-DOS (die kompatiblen Rechner benutzen MS-DOS) von 640 KByte bei der damals verfügbaren Software, der Kapazität von Speicherschaltkreisen und ihren Preisen als eine Grenze, die in absehbarer Zeit nicht zu erreichen ist. Mit der schnellen Verbreitung des IBM-PCs und seiner Kompatiblen stiegen jedoch sehr schnell die Anforderungen an die Software und an die Benutzerschnittstellen. Die damit in Verbindung stehende rasche Erhöhung der Produktion von Speicherschaltkreisen senkte deren Preis erheblich. Damit wurde ein Kreislauf in Gang gesetzt, der innerhalb von wenigen Jahren dazu führte, daß die ferne 640-KByte-Grenze immer näher rückte und zu einem echten Hemmnis wurde. Welche Möglichkeiten daraufhin geschaffen wurden, diese Grenze zu überspringen, wollen wir im folgenden kurz erläutern.

Der unter DOS (gemeint ist PC- bzw. MS-DOS) vom Anwender nutzbare Speicher von 640 KByte wird als **Conventional Memory** (konventioneller Speicher) bezeichnet. Der Prozessor 8086/88 kann mit seinen 24 Adreßleitungen (physisch) nur 1 MByte adressieren, wovon die oberen 384 KByte durch DOS reserviert sind. Der 80286 und der 80386 können physisch 16 MByte bzw. 4 GByte adressieren.
Im Unterschied zum 8086/88 verfügen der 80286 und der 80386 über die Möglichkeit der virtuellen Speicheradressierung. Dadurch können 4 GByte bzw. 64 TByte adressiert werden. Hierfür besitzen diese Prozessoren eine Speicherverwaltungseinheit auf dem Prozessorchip. Diese **Memory Management Unit** (MMU) erfüllt zwei Aufgaben (siehe Bild 1). Sie rechnet erstens die virtuellen (logischen) Adressen des Prozessors in die physischen Adressen um (das Programmieren mit logischen Adressen ist hardwareunabhängig). Zweitens reagiert die MMU, wenn der physische (wirklich vorhandene) Speicher voll ist. Sie lagert dann den Hauptspeicherinhalt auf einen Massenspeicher (meist Festplatte) um und holt ihn bei Bedarf in den Hauptspeicher zurück.

Da immer mehr Anwendungen an die durch den 8086/88 begründete 640-KByte-DOS-Grenze stießen, entwickelten die Firmen Lotus, Intel und Microsoft (LIM) im Jahre 1985 den **Expanded Memory Standard** (EMS), der in der Version 3.2 die Nutzung eines *8 MByte* großen *Datenspeichers* außerhalb des konventionell von DOS adressierbaren 1-MByte-Adreßraumes ermöglicht (siehe Bild 2). Die

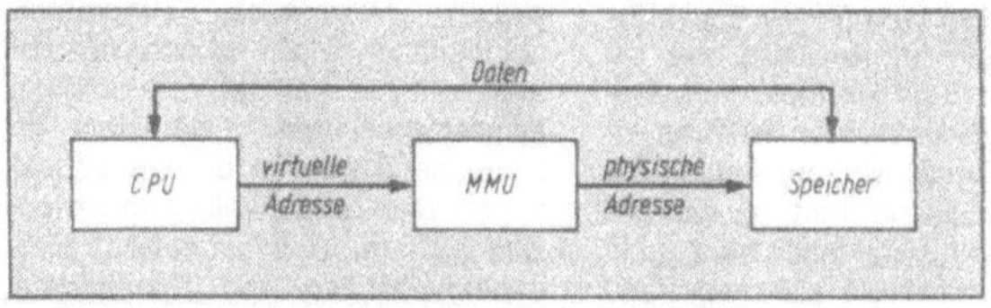


**Bild 1** ***Umwandlung der virtuellen in die physische Adresse durch die MMU***

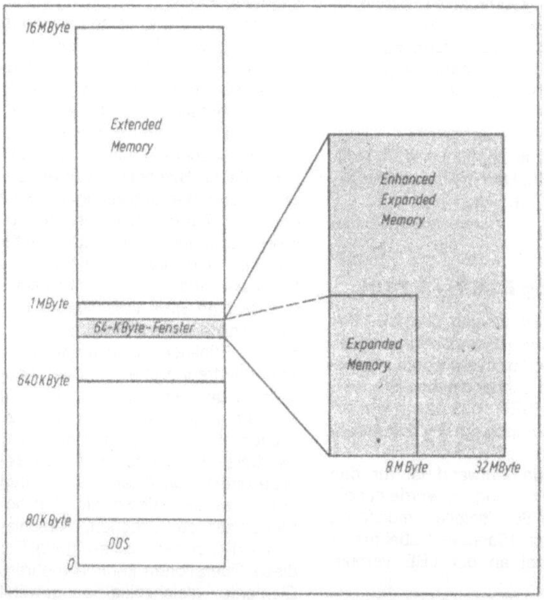


**Bild 2** ***Konventioneller Speicher und Speichererweiterungen***

**Bild 3** ***Erweiterungskarte Elite 16 mit maximal 16 MByte RAM***

Daten werden über ein 64 KByte großes Fenster gelesen bzw. geschrieben.

Um diesen Adreßraum auf *32 MByte* zu erhöhen, begründeten Ashton-Tate, Quadram und AST Research den **Enhanced Expanded Memory Standard** (EEMS). Aber nicht nur *Daten*, sondern auch *Programme* werden über das 64 KByte große Fenster gelesen bzw. geschrieben. Durch die Auslagerung von Programmen in den 32-MByte-Adreßraum wurden die Voraussetzungen für Multitasking (quasi gleichzeitiges Abarbeiten mehrerer Aufgaben) geschaffen.
Die Software, die den Zugriff über dieses Fenster auf den Expanded Memory bzw. Enhanced Expanded Memory erlaubt, wird als **Expanded Memory Manager** (EMM) bezeichnet.
Lotus, Intel und Microsoft schlossen sich dem EEMS an und nannten ihr neues Produkt EMS Version 4.0 (bzw. LIM 4.0). Es beinhaltet alle Leistungsmerkmale von EMS 3.2 und EEMS und ist zudem noch zu EMS 3.2 kompatibel. Unter DOS 4.0 wird EMS 4.0 genutzt, um Treiberprogramme aus dem konventionellen Speicher auszulagern.

Die Prozessoren 80286 und 80386 sind durch ihre Möglichkeit der physischen Adressierbarkeit von mehr als einem Megabyte an sich nicht an die 640-KByte-Grenze von DOS gebunden. Deshalb ist der Zugriff über ein 64-KByte-Fenster (also nur 64-KByte-weise) für diese Prozessoren zu umständlich. Für sie wurde nun der **Extended Memory Standard** (XMS) geschaffen. Dadurch kann der gesamte 16-MByte-Adreßraum des 80286 direkt (ohne Umweg über ein Fenster) nutzbar gemacht werden (siehe Bild 2). PC-Anwender können diesen XMS jedoch effektiv erst unter dem neuen Betriebssystem OS/2 einsetzen (unter DOS ist der Zugriff auf den Extended Memory wesentlich langsamer). Die XMS-Version 2.0 von Lotus, Intel, Microsoft und AST Research (Oktober 1988) verfügt über einen Treiber, der nicht nur kommerzieller Software, sondern auch Anwenderprogrammen den Zugriff auf den Extended Memory gestattet.

Verschiedene Hersteller bieten nun Erweiterungskarten für PC-Steckplätze an. Diese können meistens wahlweise nach EMS 3.2, 4.0 oder XMS arbeiten. Der Speicher kann bei einigen Karten auch in einen Teil für Expanded Memory und einen Teil für Extended Memory aufgeteilt werden (das ist sinnvoll, wenn beispielsweise im Multitasking unter OS/2 eine Task DOS ist). Üblicherweise werden Speichererweiterungskarten mit 2, 8 oder 16 MByte RAM angeboten.
Besitzt der Rechner, der mit einer solchen Karte bestückt wird, auf der Hauptplatine noch nicht die vollen 640 KByte RAM oder ist der RAM auf der Hauptplatine wesentlich langsamer als der RAM der Erweiterungskarte, dann kann die Erweiterungskarte den Speicher bis 640 KByte auffüllen (*backfilling*) oder ihn völlig ersetzen.
Hauptvertreter der Hersteller von Erweiterungskarten ist die Firma Intel. Ihr *Above Board* aus dem Jahre 1985 hat inzwischen schon drei Nachfolger: *Above Board Plus* und *Above Board Plus I/0* (für den PC/AT) sowie *Above Board/2 Plus* (für das PS/2). Alle drei Karten haben eine Speicherkapazität von 2 MByte bei Verwendung von 256-KBit-Chips und von 8 MByte bei Verwendung von 1-MBit-Chips; sie ermöglichen EMS 4.0 oder XMS. Auf dem Above Board Plus I/O befindet sich zusätzlich ein paralleler Druckerport und bis zu zwei seriellen Schnittstellen.
Das Board *Elite 16* von Profi Systems Inc. (siehe Bild 3) kann in PCs der AT-Klasse verwendet werden und erreicht mit 256-KBit-Schaltkreisen 4 MByte und mit 1-MBit-RAMs 16 MByte (auch eine kombinierte Bestückung ist möglich). Als Extras können in diesem Speicher ein Disk-Cache, ein Druckerspooler und/oder eine RAM-Disk enthalten sein. Die Aufteilung des Speichers in Expanded Memory und Extended Memory ist möglich.
Eine andere interessante Lösung für XT/AT-kompatible Rechner stellt die *RYBS-AMS-HIcard* von Frisbie Data Systems dar. Sie erhöht die unter DOS nutzbare Speicherkapazität zwar nur auf 896 KByte, verschiebt aber hardwaremäßig die magische 640-KByte-Grenze um 64 KByte auf 704 KByte (und benötigt nur einen kurzen PC-Erweiterungssteckplatz). Der Speicher zwischen der 704-KByte- und der 896-KByte-Grenze kann für eine RAM-Disk, einen Druckerspooler und/oder speicherresidente Programme eingesetzt werden (siehe auch MP 8/1988, S. 255).

*MP-Hk*

### Drucker, Farbtücher, Reinigungsdiskette

Folgende Neuerervorschläge wurden am Karl-Weierstraß-Institut für Mathematik der AdW der DDR realisiert und stehen zur Nachnutzung zur Verfügung:

NV 1/88 Druckeranschluß PD 27000 (Videoton) an PC-XT und Kompatible

NV 2/88 Anpassung der Farbtuchkerne und -halterungen für Farbtücher des Typs PD 27060 an PD27090 (Videoton)

NV 3/88 Reinigungsdiskette für 5¼"-Laufwerke

NV 4/88 Centronics-Schnittstellenumschalter für Mehrfachnutzung von Druckern

**Karl-Weierstraß-Institut für Mathematik, BfN, Mohrenstraße 39, Berlin, 1086; Tel. 2 07 73 01**

*Dr. Auert*

### TURBO-DATA

TURBO-DATA ist ein einfach anzuwendendes System von Prozeduren, die mittels Includefiles in Turbo-Pascal-Programme eingebunden werden und die direkt (d.h. ohne temporäre Dateitransformationen) auf REDABAS-Dateien zugreifen.
Es ergeben sich alle Vorteile einer höheren Programmiersprache, wie mehrfach schnellere Programmlaufzeiten und erweiterte Programmiermöglichkeiten.
Die Prozeduren erfüllen im wesentlichen folgende Funktionen:

- Datensätze lesen, schreiben, löschen
- Schlüssel suchen, weiterstellen, einfügen, löschen u. a.

**IFA Automobilwerke Ludwigsfelde, Abt. TVF, Ludwigsfelde, 1720; Tel. 6 20 86**

*Golze*

### Textverarbeitung und Kassettensteuerung für KC 87

Für den Kleincomputer KC 85/1 bzw. KC 87 wird ein Textverarbeitungssystem angeboten, welches die Eingabe, Korrektur, den Druck und die Archivierung beliebiger Texte ermöglicht. Das als Fullscreeneditor implementierte System erlaubt mittels komfortabler Bildschirmarbeit die Eingabe von Text über Tastatur und Kassette, das Streichen und Einfügen von Zeilen, Zeichen und ganzen Textabschnitten und die Erzeugung der Rechtsbündigkeit des Textes. Es stehen Funktionen zum Verschieben und Kopieren ganzer Textabschnitte zur Verfügung. Da der Bildschirm des KCs nur 40 Spalten/Zeile darstellen kann, wird bei Erreichen des Zeilenendes der gesamte Bildinhalt nach links geblättert, so daß auch Tabellen komfortabel erarbeitet werden können. Die Bedienung des Textverarbeitungssystems erfolgt über die Computertastatur oder die Tastatur einer angeschlossenen Schreibmaschine. Das Textverarbeitungssystem und der Schreibmaschinenanschluß sind im Technikum LAURA nachnutzbar.
Weiterhin wurde ein steuerbares Kassettengerät an den KC 85/1 angeschlossen. Dieser Anschluß erlaubt eine inhaltsverzeichnisorientierte Dateiarbeit auf der Kassette, wie sie sonst nur bei angeschlossenen Diskettenlaufwerken üblich ist. Das Inhaltsverzeichnis wird am Anfang der Kassette abgespeichert, so daß alle Programme die von ihnen benötigten Dateien selbständig auf dem Band suchen und laden bzw. diese an freien Stellen auf dem Band abspeichern. Die Hard- und Software zur Ansteuerung eines Kassettengerätes vom Typ SK 3000 kann im Technikum nachgenutzt werden. Weiterhin gehören zum Nachnutzungsumfang komfortable Kassettenkomprimier- und Kopierprogramme.

**Friedrich-Schiller-Universität Jena, Sektion Technologie für den WGB, Technikum LAURA, Ernst-Thälmann-Ring 32, Jena, 6900; Tel. 8 22 21 32**

*Reinhardt/Slowik/Entreß*

### Kopplung ESER – A 7100

In unserer Einrichtung, dem VEB IFA Getriebewerke Brandenburg, ist es gelungen, eine direkte Kopplung zwischen der Lochbandeinheit EC 7903 (M) eines ESER 1035 und einem Arbeitsplatzcomputer A 7100 zu realisieren.
Der Hardwareaufwand ist für den A 7100 sehr gering. Es wurde nur die Centronics-Schnittstelle modifiziert und über ein 15adriges Kabel mit einem Paneel an der LBE verbunden.
Dieses Paneel nimmt 9 kleine Leiterkarten auf, welche die LBE an die veränderten Übertragungsbedingungen zum A 7100 anpassen. Die LBE ist auch weiterhin für die Lochbandarbeit nutzbar. Die direkte Übertragung wird durch eigene Programme gesteuert. Es wird eine praktische Datenübertragungsgeschwindigkeit von 1000 bis 2000 Zeichen pro Sekunde erreicht. Die Datensicherheit wird gewährleistet. Die bisherige praktische Nutzung hat den Nachweis erbracht, daß die Kopplung einfach und sicher zu nutzen ist. Zur Anpassung der unterschiedlichen Datei- und Speicherungsarten wird von uns das System DDS. des VEB Datenverarbeitung Schwerin genutzt.

**VEB IFA Getriebewerke Brandenburg, Abt. LO, Wilhelm-Bahms-Str. 9, Brandenburg, 1800; Tel. 57 36 01**

*Py/Be*

### Grafischer Editor CAD88

Mit CAD88 können symbolorientierte Zeichnungen einfach erstellt, geändert, gespeichert und auf externe Ausgabegeräte (Plotter, Drucker) ausgegeben werden. CAD88 ist lauffähig auf dem A 7100 unter SCP 1700 und auf dem A 7150 und DCP 1700. Als Eingabegeräte können entweder das grafische Tablett K 6405 oder die alphanumerische Tastatur eingesetzt werden. Zur Ausgabe der Bilder werden grafikfähige Drucker (K 6313, K 6314 u. ä.) und Plotter (K 6411, K 6418, SPL) unterstützt.
Der grafische Editor dient der Erstellung und einer anwenderfreundlichen Änderung von Schalt- und Übersichtsplänen, Netzplänen, Programmablaufplänen u. a. und orientiert vor allem auf Zeichnungen mit vorrangig symbolorientiertem Charakter. Im Hauptmenü werden die Grundfunktionen *Bild laden*, *Bild bearbeiten*, *Bild sichern*, *Bild ausgeben*, *Bildschirm löschen* und *Symboldatei pflegen* angeboten. Unter *Bild bearbeiten* stehen dem Nutzer die grafischen Funktionen Linie (Linienart, Linienbreite), Kreis, Kreisbogen, Kreissegment, Fläche (Polygonzug füllen, Schraffurarten) und Texte (Texthöhe in mm, Textwinkel) zur Verfügung.
Das Editierprogramm bietet die Möglichkeit der Vereinbarung von Symbolen (z. B. Schaltzeichen, Schriftfelder, Rahmen). Symbole werden durch einen Bezugspunkt definiert, mit dessen Hilfe das Symbol positioniert, gedreht, vergrößert und verkleinert werden kann. Zur Erhöhung der Genauigkeit der Arbeit können Ausschnitte gewählt und vergrößert werden. Ebenfalls sind im Editierprogramm das Merken und Verschieben des Ausschnittfensters enthalten.
Mit der Funktion *Korrektur* wird ein anwenderfreundlicher Änderungsdienst angeboten. Durch Anzeige von Markern, zugehörig zu einzelnen grafischen Elementen, Texten bzw. Symbolen, kann jedes grafische Gebilde direkt identifiziert und mit ihm operiert werden. Als Korrekturfunktionen stehen das Löschen, Verschieben und Kopieren zur Verfügung. Für diese Operationen können mehrere Elemente gleichzeitig ausgewählt werden.
Während der Bildbearbeitung ist das Hinterlegen eines Linienrasters möglich. Der Abstand der Linien wird in Millimetern abgefragt, wobei dieses Maßverhältnis der gleichen Größenordnung auf externen Ausgabegeräten bei einem Ausgabeverhältnis von 1:1 (Standard) entspricht. Die Originalgröße der Bilddarstellung beträgt max. 400 × 500 mm. Die Angabe eines Maßstabes während der Ausgabe mit *1:N*, *N:1* oder einer Kombination bietet weitreichende Möglichkeiten für die Wahl des Größenverhältnisses der gewünschten Zeichnung.

**Institut für Energieversorgung, Abt. SE, Zeunerstr. 83a, Dresden, 8027; Tel. 4 65 04 24**

*Dr. Pötschke/Kießling*

### Druckerprogramm für A 7100

Der auf dem AC A 7100 implementierte Textprozessor WS unterstützt nur wenige der üblicherweise benötigten Druckerfunktionen. Aus diesem Grunde wurde ein Programm geschaffen, mit dem Texte gedruckt werden können, die unter WS editiert wurden. Die folgenden Kommandos zur Druckersteuerung werden realisiert:

1. Fettdruck (dreimal übereinander)
2. Breitdruck
3. Unterstreichen (auch bei Leerzeichen)
4. Durchstreichen
5. Indizieren
6. Exponieren
7. komprimierte Normalschrift
8. normale Schreibdichte
9. Umschalten Zeichengenerator:
   ] } | \ { [ ~
10. Rückschalten Zeichengenerator:
    Ü ü ö Ö ä Ä ß
11. Schrägdruck
12. Überdrucken durch ein nachfolgendes Zeichen: a ≠ b
13. Farbbandumschaltung
14. Druckpause

Das DOT-Kommando. pl wurde neu belegt. Die übrigen DOT-Kommandos sind fast vollzählig implementiert. Darüber hinaus besteht die Möglichkeit, Grafikdateien zu lesen und zwischen den Text einzuschieben. Voraussetzung ist ein grafikfähiger Drucker und die grafische Schicht SCP-GX, die zuvor geladen worden sein muß.
Die Grafiken sind mit GEDIT/M16 aufzubauen und abzulegen. Das Programm steuert den Wechsel zwischen alphanumerischer und grafischer Ausgabe, der beliebig oft stattfinden kann.

**Technische Universität Karl-Marx-Stadt, Sektion Vorkurse, Ernst-Schneller-Straße 138, Breitenbrunn, 94 34**

*Dr. Winkler*

### FastSearch

Übliche Datenbanksysteme zur Off-line-Literaturrecherche basieren auf dBASE oder REDABAS. Neben dem Vorteil einer vergleichsweise einfachen Programmierung sind damit gravierende Nachteile verbunden:
– Die unterschiedliche Länge der erfaßten Zitate einerseits und die geforderte feste Satzstruktur andererseits bedingen Kompromisse. Es geht entweder Speicherplatz verloren oder Information, in Extremfällen sogar beides gleichzeitig.
– Die Recherche im Datenbestand erfolgt nicht allzu schnell.
– Die Eingabe der Recherchekriterien erfolgt „blind", das heißt, man weiß zu Beginn der Recherche nicht, ob die Suche z. B. nach einem bestimmten Autor überhaupt Zweck hat.
– Ohne Festplatte müssen bereits mittlere Datenbestände auf mehrere Disketten verteilt werden, wodurch eine Suche sehr erschwert wird.
Das an unserer Sektion entwickelte Programm FastSearch arbeitet mit drei Wörterbüchern für Autoren, Titel- und Schlagworte sowie ergänzende Angaben, z. B. die Zeitschriftentitel. Die erfaßten Literaturzitate selbst bestehen lediglich aus Verweisen auf die Wörterbücher. Die Wörterbuchverwaltung erfolgt selbstverständlich automatisch während der normalen Programmnutzung. Dieses Prinzip weist momentan noch den Nachteil der völligen Inkompatibilität der erfaßten Daten mit gängigen kommerziellen Datenbanksystemen auf, jedoch auch eine Reihe wesentlicher Vorteile:
– Die Neuerfassung von Zitaten wird stark vereinfacht. Anhand der Wörterbücher versucht das Programm ständig zu „erraten", was der Bediener gerade eingeben möchte. Dadurch

genügen z. B. zur Eingabe eines Autorennamens durchschnittlich zwei Buchstaben.
– Die Recherche erfolgt mit 100 bis 500 Zitaten/Sekunde.
– Die Eingabe der Recherchekriterien ist sehr elegant möglich. Besitzer einer Maus können fast ausschließlich damit operieren.
– Die Größe der erfaßten Zitate ist nahezu unbegrenzt. Momentan sind willkürlich 30 Autoren, 200 Titel- und 50 Schlagworte festgelegt worden.
– Auf einer 360-KByte-Diskette können 2000 bis 3000, auf einer 720-KByte-Diskette 5000 bis 7000 Zitate erfaßt werden.
Das Programm setzt einen Rechner mit dem Betriebssystem MS-DOS, 512 KByte RAM und Grafikmöglichkeit (mindestens IBM CGA) voraus. A7150 und EC 1834 erfüllen diese Forderungen.
FastSearch besteht aus 5 Dateien mit derzeit 160 KByte Gesamtgröße. Interessenten erhalten kostenlos eine Demoversion sowie eine Demonstrationsdatenbank. Voraussetzung ist eine transportsicher verpackte Leerdiskette.

**Karl-Marx-Universität, Sektion Chemie, Talstraße 35, Leipzig, 7010; Tel. 7165395**

*Dr. Haeßner*

## Programmgenerator HWSGEN 1

Ziel der Entwicklung war die Reduzierung bzw. vollständige Abschaffung der aufwendigen Arbeit mit Bildschirmmasken und deren Umsetzung in ein Programm.
Die Abarbeitung des Programms erfolgt in 2 Abschnitten:

- Aufbau der Bildschirmmaske und Parametertabelle (Full-Screen-Modus, Sicherheitsabzug der Maske und Parametertabelle für spätere Weiterbearbeitung, Speichern der Maske als Textfile für Dokumentationen)
- Generierung der Quelltextfiles xxxxxxxx.PAS und .INC

**.INC**: in sich abgeschlossene Prozedur zur Bearbeitung der Maskeneingabe (Bildschirmsteuerung, geprüfte Eingabe, Korrekturen während und nach der Eingabe eines Bildes)
**.PAS**: alle Anweisungen darüber hinaus, sowie Muster für eventuell zusätzlich erforderliche Prüfroutinen.
Diese Quellfiles können sofort mit Turbo-Pascal übersetzt werden. Das fertige Erfassungsprogramm der jeweiligen Bildschirmmaske legt die Daten im File xxxxxxxx.DAT auf Diskette ab. Für alle in Turbo-Pascal zugelassenen Datentypen werden während der Eingabe nur die jeweils zulässigen Zeichen akzeptiert. Die universelle Eingabeprozedur *unieingabe* wird nur nach Eingabe eines gültigen Wertes verlassen. Kommentarausgabe und Editieren werden durch die Prozedur realisiert.
Wurde in der Maske die Eingabe eines Datums erkannt, wird zusätzlich die Prozedur *unidat* eingekettet, welche alle Prüfungen für ein gültiges Datum enthält.
Anwendung:
– Erstellung kompletter Erfassungsprogramme
– Erstellung der Eingabeprozedur für Masken oder Teilmasken zur weiteren Verwendung im eigenen Programm.
Bei Anforderung der Dokumentation ist eine Diskette erforderlich.

**VEB Hebezeugwerk Suhl, Abt. LO, Am Sehmar 1, Suhl 6000; Tel. 23013 App. 30**

*Dunkel*

## Stücklistenprozessor auf KC 85/3

Für die Kleinrationalisierung in Konstruktionsbüros bieten wir ein Basic-Programm auf KC 85/3 (32 KByte Arbeits-RAM) zum Aufstellen, Bearbeiten und Drucken von Stücklisten an.
Im Arbeitsspeicher des Rechners können gleichzeitig beliebig viele Stücklisten mit beliebiger Hierarchietiefe aufgebaut werden, wenn die Gesamtzahl aller Positionen (Datensätze) 99 oder 255 nicht übersteigt.
Integriert wurde ein Formelinterpreter zur Unterstützung von Masseberechnungen und die Ermittlung der Gesamtmasse über alle Positionen einer Stückliste. Die Datenstruktur der Stücklisten und die Druckparameter sind leicht an unterschiedliche Belegsätze anpaßbar.
Die durch die Hardware bedingten zeitkritischen Aktionen beanspruchen:
– Laden des Programms: ca. 1:30 min
– Einlesen/Abspeichern eines Datenblockes mit 100 Positionen: ca. 1:45 min.
Alle Editierfunktionen dagegen werden mit vertretbarer Geschwindigkeit ausgeführt.

**VEB Entwicklung und Rationalisierung der ÖVW des Bezirkes Magdeburg, Wilhelm-Raabe-Straße 8, Magdeburg, 3080; Tel. 35765**

*Putzke*

## Datenerfassungs- und Statistikprogramm

Das Programm **EDISTAT** dient zur Erfassung (Editieren) und der Bearbeitung (statistische Analysen) von numerischen Daten. Es ist auf IBM-kompatiblen Rechnertypen lauffähig. Um es ebenfalls den Nutzern der Betriebssysteme CP/M 80 sowie CP/M 86 zugänglich zu machen, sind etwas abgerüstete Versionen für diese Betriebssysteme erhältlich. Der Einsatz des Grafikmoduls für die CP/M 80-Version wurde nicht vorgesehen. Auf Grund der Gesamtgröße des Programms von zirka 200 KByte (ohne Grafikmodul zirka 150 KByte) machte sich die Nutzung der Overlay-Technik erforderlich, um genügend Speicher für die Daten zur Verfügung zu haben. Damit konnte der Speicherplatzbedarf des Programms zur Laufzeit auf zirka 50 KByte (ohne Grafik zirka 20 KByte) reduziert werden.
EDISTAT ermöglicht die Arbeit im deutsch- und englischsprachigen Dialog, wobei die Sprache auch während des Programmlaufes wahlweise geändert werden kann.
Mit EDISTAT werden folgende statistische Berechnungen und Analysen realisiert:
– Mittelwerte, Varianz und Standardabweichung
– Aufstellen der Häufigkeitstabelle
– einfache Varianzanalyse
– Diskriminanzanalyse (in Vorbereitung)
– Berechnung von Testquantilen verschiedener Verteilungen
– lineare Regression
– Matrix der Kovarianzen auf Korrelationskoeffizienten
– Kolmogorow-Smirnow-Test auf verschiedene Verteilungen, wobei sich noch weitere Analysen in Vorbereitung befinden. Für einige dieser Berechnungen ist unter den oben genannten Bedingungen (Betriebssystem) eine grafische Auswertung möglich. Die Ergebnisausgabe erfolgt wahlweise auf Bildschirm und/oder Drucker.

Betriebssystemabhängig bietet das Programm eine Reihe von Serviceleistungen, wobei die nachstehend aufgeführten Funktionen in allen Versionen verfügbar sind:
– Lesen und Schreiben der Daten von/auf Diskette
– Anzeige des Inhaltsverzeichnisses von Disketten
– Transformieren von Daten, Berechnung neuer Werte mittels eines eingegebenen Algorithmus
– Erzeugen arithmetischer Reihen, um laufende Eingaben zu vereinfachen
– Erzeugen von Zufallszahlen verschiedener Verteilungen.

**Ingenieurhochschule für Seefahrt, R.-Wagner-Str., PF 100, Rostock, 2530; Tel. 57294**

*Fischer*

## Hardware-RESET für Schneider-PC und Software für Rechnerkommunikation

Die PC 1512/1640 verfügen nicht über die Möglichkeit, ein **Hardware-RESET** auszulösen. Bei der Programmerprobung und besonders bei der Fehlersuche in der Hardware des Rechners wirkt sich dieser Mangel störend aus. Wird bei einer Fehlfunktion die Tastatur des Rechners inaktiv, bleibt nur noch das Ausschalten des Gerätes.

Mit Hilfe einer kleinen Zusatzplatine wird bei Bedarf ein systemgerechtes **RESET**-Signal erzeugt.

Das Softwarepaket **DUESE** gewährleistet den Dateitransfer zwichen Rechnern, die mit den seriellen Schnittstellen IFSS und V.24 ausgerüstet sind. Bedingung ist, daß diese Rechner hardwareseitig auf den Schaltkreisen SIO und CTC basieren. Die Datenübertragungsgeschwindigkeit beträgt bei V.24 9600 Baud, bei IFSS 4800 Baud. Routinen zur Fehlerbehandlung und Kontrolle der Datenübertragung sind implementiert.

Die Programme sind in Turbo-Pascal geschrieben und werden bisher auf den Rechnern K8915, A7100 und A7150 (SCP, DCP) verwendet. Unter DCP wird die hierarchische Dateistruktur unterstützt. Im Gegensatz zu Kermit oder TLC erfolgt die Bedienerführung dialogorientiert. Die Anwendung von DUESE ist bei der Konvertierung SCP-DCP oder bei unterschiedlichen Diskettenformaten vorteilhaft.

**Ostthüringer Molkereikombinat, Industriestraße 1, Gera, 6500; Tel. 51288**

*Schumann*

## SD 1154 an IBM-kompatiblen Computern

Um die an vielen Einrichtungen noch vorhandenen robusten Drucker vom Typ SD 1154 (und solche mit dem gleichen Interface) auch mit 16-Bit-PCs nutzen zu können, wurde an der Sektion Physik der KMU Leipzig eine aufwandsarme Kopplung dieser Geräte entwickelt. Voraussetzung ist ein IBM PC/XT/AT-kompatibler Computer mit einer vollwertigen Centronics-Schnittstelle. Folgende *Leitungen* werden benötigt: Datenleitungen, Statusleitungen (Eingabe) und Steuerleitungen (Ausgabe). Die Status- und Steuerleitungen werden ausgenutzt, um verschiedene Leitungen des SD 1154 zu bedienen (CR, LF, FF usw.). Die normalen Datenleitungen steuern /DATA 1 bis /DATA6 sowie RD (Rotdruck) am SD 1154. Daraus ergibt sich der notwendige Aufwand beim Nachnutzer: Es ist eine Verbindung zwischen einem Centronics-Stecker und einem Stecker für den SD 1154 zu schaffen. Nach dem Starten des zugehörigen *Treibers* verhält sich der SD 1154 auf der Ebene von Betriebssystem und Anwenderprogrammen wie ein ganz normaler Drucker. Er kann dazu über eine beliebige der drei möglichen Centronics-Schnittstellen (LPT1, LPT2, LPT3) angeschlossen und angesprochen werden, insbesondere können gleichzeitig ein hochwertiger Matrixdrucker und der SD 1154 im System aktiv sein.
Im *Installationsprogramm* wird der Inhalt einer Zeichenübersetzungstabelle abgefragt, um insbesondere IBM-Sonderzeichen auf dem SD 1154 erkennbar darstellen zu können. Der Original-Zeichengenerator des SD 1154 besitzt einen sehr beschränkten Zeichensatz, meist nur lateinische und kyrillische Großbuchstaben. Insbesondere für die hier beschriebene Anwendung lohnt sich daher die Umrüstung auf Kleinbuchstaben. Es wird die Nachnutzung der Neuererleistung *Umrüstung des Zeichengenerators des SD 1154 auf Kleinbuchstaben empfohlen.* Es handelt sich um eine kleine Leiterplatte für einen EPROM, die anstelle des alten Zeichengenerators eingesetzt wird. Die Nachnutzung der Neuererleistung zur Kopplung eines SD 1154 an einen IBM-kompatiblen Computer umfaßt den Inhalt einer nachnutzereigenen Diskette, sowie einige Informationsblätter.
Die Herstellung des Verbindungskabels obliegt dem Nachnutzer; in Ausnahmefällen können unabhängig von der Nachnutzung (bei Lieferung entsprechender Stecker) einzelne Verbindungskabel angefertigt werden.
Die Nachnutzungsgebühr für den Anschluß des SD 1154 an einen IBM-kompatiblen Computer beträgt etwa 500,– Mark. Zur Beschleunigung des Verfahrens empfiehlt es sich, eine formatierte Diskette (IBM-Format 360 KByte, sonst genau angeben!) und eine verbindliche Bestellung zu schikken.

**KMU Leipzig, Sektion Physik, WB Halbleiterphysik, Elektroniklabor, Linnéstraße 5, Leipzig, 7010; Tel. 6858406**

*Gürtler*

## CP/M in der Praxis

von J. Bernert, M. Burow und C. Hanisch, Berlin: VEB Verlag Technik 1988, 224 S., 126 Bilder, 59 Tafeln, Broschur, DDR 23,– M, Bestell-Nr. 553 961 6

CP/M ist mit seinen Kompatiblen in der DDR wie weltweit das am weitesten verbreitete Betriebssystem für 8-Bit-Rechner. Spät bereichert das nun vorliegende Buch die spärlich vorhandene Literatur in der DDR über dieses Betriebssystem. Es ist kein Lehrbuch, bietet aber eine Beschreibung wichtiger Kommandos und Dienstprogramme, die auch für den Anfänger verständlich ist. Der Umfang der Einzelheiten übersteigt sicher das, was ein Anfänger braucht, und bietet deshalb auch dem geübten CP/M-Nutzer noch Neues.
Im einzelnen werden die residenten Kommandos des CP/M, die transienten Kommandos STAT, PIP, D, SYSGEN und die Dienstprogramme POWER für Dateiarbeit und WordStar für Textverarbeitung erläutert, alles Kommandos und Programme, die fast jeder CP/M-Nutzer braucht. Dabei werden die Syntax der Komponenten wie die Wirkungen, mögliche Fehlersituationen und Behebung der Fehler behandelt. Tafeln fassen das Wesentliche zur Arbeit mit jedem einzelnen Kommando zusammen. Verwendete Begriffe werden definiert, allerdings nicht immer vor der Benutzung. Viele praktische Tips helfen, Klippen der erklärten Komponenten und des Rechners zu umgehen.
Das Sachwörterverzeichnis erleichtert die Suche nach speziellen Kommandos bzw. Unterkommandos im Text.

*Renée Mundstock*

## Der UNIX-Werkzeugkasten – Programmieren mit UNIX

von Brian W. Kernighan und Rob Pike, Carl Hanser Verlag, München Wien, 1987, 402 Seiten, ISBN 3-446-14273-8

Der Hanser Verlag in der BRD hat sich in den vergangenen Jahren mehrfach bei der Herausgabe wichtiger deutschsprachiger UNIX-Standardwerke verdient gemacht. Einen „Klassiker" auf diesem Gebiet stellt zweifellos die Übersetzung des Buches „The UNIX Programming Environment" von Kernighan und Pike (Original: Bell Inc. 1984) dar.
In der Fachbuchreihe „PC-professionell" erschienen, stellt dieses, von zwei mitverantwortlichen Schöpfern des Betriebssystemkonzeptes UNIX verfaßte, Buch auf etwa 400 straff genutzten Seiten eine sehr gute Einführung in das Betriebssystem UNIX und in eine Reihe seiner Standardwerkzeuge dar.
In acht gut strukturierten und dank der ausgezeichneten deutschsprachigen Übersetzung auch flüssig lesbaren Kapiteln wird folgender Stoffumfang behandelt:
- elementare Systembenutzung (Anmelden, Post, Kommandosyntax)
- UNIX-Dateiverwaltungssystem (Dateien, Directories, Zugriffsschutz, Inodes, Dateihierarchie)
- Shell-Kommandosprache (Struktur, Metazeichen, Argumente und Parameter, Kontrollstrukturen, Redirektion)
- Filer (grep, sort, sed, awk)
- Shell-Programmierung (cal, which, while, until ...)
- Standard-Bibliotheksbenutzung (stdio)
- Systemaufrufe des UNIX-Betriebssystems
- Programmentwicklungswerkzeuge (lex, yacc, make)
- Textaufbereitung (nroff, troff, ms, tbl, eqn).

Besonders gut hat dem Rezensenten gefallen, daß jedes Kapitel mit einem Abschnitt „Geschichte und Literaturhinweise" endet. Hier findet der Leser wertvolle Querverweise und weitergehende Literaturstellen zu den behandelten Themen.
Fazit der Rezension: „Der UNIX-Werkzeugkasten" von Kernighan/Pike ist ein ausgezeichnet geschriebenes Einführungswerk in das UNIX-Betriebssystemkonzept, das besonders durch die hohe Kompetenz seiner Autoren besticht.

*Dr. L. Claßen*

## Maschinensprache des IBM-PC/AT

und Kompatibler in der Praxis. 2., erweiterte Auflage. Von Isa Brors, Heidelberg: Hüthig Verlag 1988, 338 S., ISBN 3-7785-1630-2

Assemblerprogrammierung ist traditionsgemäß im Bereich der system- und hardwarenahen Programmierung angesiedelt. Moderne PC-Implementierungen von Hochsprachen gestatten das direkte Einbinden von Maschinencode in Form von INLINE-Anweisungen. Durch diese Möglichkeit herausgefordert, gerät manch Anwendungsprogrammierer in die Versuchung, den Schritt zur hardwarenahen Programmierung und damit auch zum Assembler zu erproben. Dieses Buch kann ihm dabei ein guter Begleiter sein, denn es wartet mit einer hohen Informationsdichte und einer diesem Leserkreis angemessenen Erläuterung grundlegender Fachtermini der Assemblerprogrammierung auf. Eine Reihe praxisrelevanter und interessanter Programmbeispiele hebt es deutlich vom Handbuchcharakter ab. Nichtsdestotrotz ist das Buch aber auch als Nachschlagewerk für den Fortgeschrittenen interessant. Daß der Verfasser recht gründlich zur Sache geht, zeigt sich auf den ersten 20 Seiten. Hier wird zunächst etwas zu Dualzahlen, BCD-, Oktal- und Hexadezimaldarstellung von Zahlen ausgeführt. Daran schließt sich eine Beschreibung der inneren Struktur des 8088 an. Hier werden der Registersatz, die Adreßerzeugung und die Adressierungsarten dargestellt. Zur Erklärung der Adressierungsarten bedient sich der Autor kleiner Grafiken, die die möglichen Varianten auch für Anfänger transparent machen.
Der Befehlssatz des 8088 wird in Handbuchmanier und unterteilt in herkömmlicher Art und Weise in Arithmeitk-, Logikbefehle usw. vermittelt. Dieser Teil ist auch durch die gestalterische Form als Nachschlagewerk ausgelegt. Der Assembler selbst wird recht kurz, aber dem praxisorientierten Anliegen des Buches angemessen, beschrieben. Hier findet man den prinzipiellen Aufbau und die Pseudo- und Makro-Pseudo-Operationen erläutert. Es schließt sich ein Gliederungspunkt an, der mit „Das erste Programm ..." überschrieben ist. Unter diesem Punkt wird nun der Prozeß von der Erstellung des Quelltextes mit einem Editor über die Assemblierung und das Linken bis zum lauffähigen Programm etwas näher – jedoch recht formell – betrachtet. Es folgen auf etwa 70 Seiten sorgfältig ausgewählte Beispiele, die den besonderen Wert des Buches ausmachen, und für die – soweit es sich anbot – auch der hardwareseitige Hintergrund kurz umrissen wird. Das Spektrum der Beispiele erstreckt sich dabei von der Ausgabe einer Zeichenkette auf Bildschirm über Tastaturabfrage, Datum-und-Zeit-Routinen, Druckerausgabe, Arithmetik, Listenverarbeitung bis hin zur Programmierung des internen Lautsprechers und der Hercules-Grafikkarte. In vertiefender Form werden zur Grafik last but not least eine recht ansprechende Linienprozedur und eine Prozedur zum Zeichnen von Kreisen vorgestellt.
Nach einem kurzen Eingehen auf die Merkmale von COM- und EXE-Files wendet sich der Autor dem Herz des PC/AT zu – dem 80286. Dieser etwa 50 Seiten umfassende Abschnitt unterteilt sich in die Beschreibung der Spezifik des Real-Address- und des Protected-Mode des AT-Prozessors. Die von diesem Prozessor zusätzlich bereitgestellten Befehle werden in der gehabten Manier nüchtern und kurz beschrieben. Darüber hinaus wird anschaulich die Arbeitsweise des 80286 im Protected-Mode dargestellt. Der Autor bedient sich dazu zahlreicher Grafiken. Den Abschluß des Buches bildet ein kurzes Eingehen auf Hardware-Erweiterungen in Form der Darstellung der Hardwarecharakteristik einer parallelen und einer seriellen Schnittstelle.
In einem 16 Seiten umfassenden Anhang A wird eine tabellarische Übersicht zu den Interrupts eines PC gegeben. Eine sicher notwendige und nie ausreichende Ergänzung bei Büchern mit vorliegender Thematik. Auch kommt hier ganz deutlich die Tatsache zum Ausdruck, daß Maschinensprache stets in enger Verbindung mit einem Betriebssystem – wie in diesem Falle des DOS – zu sehen ist. Hier wären ausführlichere Hinweise zur Orientierung des Lesers hilfreich. Ein weiterer Anhang enthält eine Zusammenstellung der ASCII-Zeichencodes, der Tastatur-Codes und eine Information über Bildschirm-

### Tagungsbände CAQ '88

Die Wissenschaftlich-Technische Gesellschaft für Meß- und Automatisierungstechnik veranstaltete im März 1988 in Leipzig das Internationale Messesymposium *Rechnergestützte Qualitätssicherung CAQ '88*. Einen guten Einblick in die wachsende Vielfalt von CAQ geben die Tagungsbände
Plenarvorträge (331 Seiten)
Poster (185 Seiten)
KDT-INQUAMESS-Software-Paket (252 Seiten).
Die Tagungsmaterialien fanden auf dem Symposium hohe Anerkennung aufgrund ihrer hervorragenden inhaltlichen und drucktechnischen Gestaltung. Von Fachleuten wurde eingeschätzt, daß mit diesen Tagungsbänden das gegenwärtig modernste Schriftgut zur rechnergestützten Qualitätssicherung in der DDR vorgelegt wurde. Die große Nachfrage und die Einschätzung im In- und Ausland waren für uns ausschlaggebend, eine zweite Auflage vorzubereiten. Für einen Unkostenbeitrag von 80,– M können die o. g. Materialien bestellt werden über
*Kammer der Technik, Präsidum – WGMA, PSF 1315, Berlin, 1086.*

*Müller*

Attribute, die sich leider auf den Schwarz-/Weiß- beziehungsweise Monochrommonitor beschränkt. Was man am Ende des Buches dann vergeblich sucht, ist eine Zusammenstellung weiterführender und vertiefender Literatur.
Das Buch ist kurzum ein Tip für die Einsteiger in die Assemblerprogrammierung, die mit den Grundlagen der Computerei prinzipiell vertraut sind. Die dargebrachten Beispiele wecken das praktische Interesse und regen dazu an, sich auch vertiefende Kenntnisse über die betriebssystemspezifische und stark hardwareorientierte Programmierung anzueignen. *Th. B.*

### Serielle Busse: neue Technologien, Standards, Einsatzgebiete

von Conrads u. a. (Hrsg.), vde-Verlag 1987, 286 Seiten

Die Autoren führen den Leser in ein aktuelles Material ein. Äußerst praxisnahe Erfahrungen des Autorenkollektivs erleichtern neben der systematischen und oft detaillierten Darstellung die Einarbeitung in die Problematik.
Bedingt durch die außerordentlich stürmische Entwicklung auf dem Gebiet der seriellen digitalen Kommunikation, die ihre Grundlage in der zunehmenden Integration findet, hat sich eine nur schwer zu überblickende Menge von Standards, Normen und auch Systemen herausgebildet.
Eine Beurteilung der Systeme selbst, vor allem aber eine Beurteilung des Einsatzes derartiger Systeme, ist damit erschwert. Dieser Fülle des Stoffes nähern sich die Autoren systematisch mit dem hohen Anspruch, einen Überblick zu verschaffen. Die Anwendungserfahrungen der Autoren werden dabei sehr praxisnah und oft auch sehr detailliert dargeboten. Damit geraten die Autoren oftmals in Widerspruch zu ihrem Anliegen, Übersicht zu verschaffen. Vom interessierten Leser werden jedoch gerade diese Details mit Dank aufgenommen werden.
Der gewählte Schwerpunkt der Darstellungen widmet sich den niederen Schichten der Kommunikation und damit Problemen wie Signaldarstellung, Synchronisierung von Kommunikationsprozessen, Adressierung und Fehlersicherung. Dieser Band hilft allen Elektronikingenieuren und ist für die Hochschulausbildung in Informationstechnik/Informatik, Elektrotechnik/Elektronik und Automatisierungstechnik bestimmt.

*Dr. I. Schreiber*

### Professor Schreiners UNIX-Sprechstunde

*Technik, Tips und Tricks von awk bis yacc* von Axel T. Schreiner, Carl Hanser Verlag, München, Wien, 1987, 316 Seiten, ISBN 3-446-14894-9

Die dem Betriebssystem UNIX zugeordnete Fachzeitschrift unix/mail aus der BRD hat auch in den Fachbibliotheken der DDR einen größeren Leserstamm. Der besondere Vorteil dieser Fachzeitschrift war, daß sie bereits 1983 versuchte, als erstes deutschsprachiges Periodikum umfassend über die UNIX-Anwendung und -Nutzung zu informieren. Dieser Anspruch wurde im Laufe der Jahre insofern immer weniger erfüllt, als daß der etwas akademische und elitäre Stil der unix/mail immer weniger in die sich auch kommerziell breit entwickelnde UNIX-Landschaft paßt.
Eine gleichbleibend über die Jahre besonders interessante Rubrik der unix/mail ist allerdings die von A. Schreiner gestaltete UNIX-Sprechstunde. Ihre Beiträge gesammelt, neu bearbeitet, zusammenhängend gegliedert und technisch auf den neuesten Stand gebracht (System V), wurden vom Hanser Verlag in Buchform vorgelegt. Ziel ist, für typische Probleme bei der UNIX-Anwendung möglichst elegante Lösungsvorschläge aufzubereiten, deren Resultate auch bei eigenen Problemstellungen weiterverwendet werden können. Das Spektrum der behandelten Themen reicht von einem kleinen Datenbankprogramm über einfache Dokumentationshilfen bis zu C-Programmiertricks und einem interaktiven Editor. Im einzelnen wird dabei eine außerordentlich große Palette von Themen (curses, grep, lex, yacc, make, man, ms, mm, nroff, u. v. a. m.) behandelt. Die Gefahr des Buches besteht besonders darin, daß ein großes Sammelsurium von für den Leser mehr oder weniger interessanten Einzelproblemen in fachlich exakter Weise abgehandelt wird. Es ist deshalb wichtig darauf zu achten, daß das Buch vor allem in die Hände der UNIX-Programmierer und Nutzer gehört, die schon größere Erfahrungen mit diesem System vorweisen können. Ein UNIX-Neuling wird von der Fülle der Detailinformationen und von der Lösungsvariantenvielfalt wohl immer erschlagen werden. *Dr. L. Claßen*

## Zeitschriftenschau

### Cambridge Computer Z88

Einen weiteren Versuch, mit einem neuen Computer den Markt zu erobern, machte der „Vater" des gut bekannten ZX-Spectrum, Sir Clive Sinclair. Der Neue nennt sich Z88 und erinnert äußerlich nur noch geringfügig an den Spectrum. Produziert von der Firma Cambridge Computers Ltd., verfügt der Computer über ein Flüssigkristalldisplay sowie über einen wesentlich vergrößerten Speicherplatz und eine speicherresidente Programmbibliothek. Die Stromversorgung erfolgt durch Batterien (ca. 20 Stunden Betriebsmöglichkeit).
Ausgerüstet ist der Z 88 mit einer in CMOS gefertigten Z 80-CPU und einem Standard-RAM von 32 KByte sowie 128 KByte ROM. Zur Speichererweiterung sind RAM- und ROM-Module mit 32, 128 und 1024 KByte vorgesehen. Das Display läßt auf einer Zeile bis zu 106 Zeichen zu, 8 Zeilen sind gleichzeitig sichtbar. Für den Benutzer stehen pro Zeile jedoch nur 94 Zeichenplätze zur Verfügung. Die Tastatur gleicht im Aufbau der des Spectrums (Gummitaste, Folienkontakte).
Mit der Peripherie bzw. den Speichererweiterungen läßt sich der Z88 über eine RS-232-Schnittstelle bzw. über den Systembus verbinden. Der Betrieb am Netz ist durch ein externes Netzteil möglich.
Die Programmbibliothek umfaßt solche Nutzerprogramme wie Textverarbeitung, Kalkulations- und Datenbankprogramm sowie einen wissenschaftlich-technischen Rechner. Darüber hinaus läßt sich der Z88 noch als Notizkalender mit Alarmfunktion (Uhr ist eingebaut) und als Basic-Computer verwenden; benutzt wird ein BBC-Basic-Interpreter. Vorgesehen ist ein EPROM-Programmierzusatz, mit dem eigene Programme in die Module geschrieben werden können. Programmroutinen zum Modembetrieb und zur Kopplung mit weiteren Computern sind ebenfalls im ROM enthalten.
Nicht vorgesehen sind der Betrieb an einem Monitor und der Anschluß eines Disketten- oder Kassettenlaufwerkes.

*aus KOMPUTER (1988) 4, S. 17–18*

### Computer- und Medizindiagnostik

Das Ministerium für Gesundheitswesen der UdSSR hat ein computergestütztes Diagnostiksystem auf der Grundlage der Mikrorechner ISKRA-1256 und ISKRA-226 eingeführt. Gespeichert werden die Antworten und Ergebnisse der Fragen und Tests, die vom System über den Patienten erhalten wurden. Vom Computer werden Behandlungsvorschläge unterbreitet. Zur Kontrolle werden die Diagnosen parallel von Ärzten gestellt. Die Übereinstimmung soll über 90 % betragen.
Dieses Diagnosesystem hat besonders für die Reihenuntersuchungen in der Bevölkerung Bedeutung.

*aus KOMPUTER (1988) 7, S. 8*

### Computer für Blinde und Sehschwache

Ein Problem dieses Personenkreises ist die beschränkte Zugriffsmöglichkeit auf visuelle Informationen (Druck und Fernsehen). Nur in beschränktem Maße sind solche Geräte, die Schrift in andere erfaßbare Informationen wandeln, nutzbar. Auch die Umsetzungsgeschwindigkeit des Zeichens in die Information war gering. Die Druckzeichen konnten in Vibrationen oder Töne umgesetzt werden.
Die Computertechnik macht es in zunehmendem Maße möglich, Text direkt in synthetische Sprache umzusetzen. Inzwischen sind auch Monitore, Tastaturen und Drucker für Brailleschrift vorgestellt worden. Gleichzeitig kann der Computer auch seine Kommunikation mit dem Bediener über Sprachsynthese abwickeln. Die Benutzung von Textverarbeitungssystemen in der Redaktionsarbeit ermöglicht das problemlose Erscheinen eines Textes in „normaler", und wenn die Druckmöglichkeit vorhanden ist, auch in Brailleschrift.
*aus KOMPUTER (1988) 7, S. 12–13*

### Husky Hawk 8/16

Zu den sicherlich sehr seltenen Computertypen zählt der der Klasse der PCs zuzurechnende Husky Hawk 8/16. Es handelt sich dabei um einen im IBM-PC-Standard arbeitenden Computerzwerg mit einer Masse von nur 700 g. Das Gerät enthält zwei Module, die das Arbeiten unter CP/M (8 Bit) bzw. MS-DOS (16 Bit) gestatten. Das Gerät hat kein Diskettenlaufwerk und bezieht seine Programme über die RS-232-Schnittstelle und ein Modem. Zur Anzeige wird ein Flüssigkristallbildschirm genutzt. Nachfolgend zusammengefaßt die wichtigsten Daten des Computers:

- *Modul DOS:*
- 80C88-Prozessor
- RAM 640 KByte
- ROM 128 KByte
- 6,144 MHz Takt.
- *Modul CP/M:*
- HD-64B180-Prozessor
- RAM 352 KByte (davon 280 RAM-Disk)
- ROM 48 KByte Betriebssystem DEMOS (kompatibel zu CP/M)
- Basicinterpreter.

Tastatur 68 Mehrfunktionstasten
Bildschirm Flüssigkristall 8 Zeilen zu 40 Zeichen
Auflösung 240 × 64 Pixel
Interface 2 × RS 232 und Systembus.
*aus KOMPUTER (1988) 8, S. 37–38*

### Turbo-Backup

Für die Herstellung der Arbeitskopien von Programmen oder Dateien in Betriebssystemen wie MS-DOS, PC-DOS u. ä. gibt es jetzt ein Kopierprogramm, das mit einer Geschwindigkeit von 0.95 MByte/min arbeitet. Falls der Computer mit einem DMA ausgerüstet ist, kann sich diese Geschwindigkeit noch auf ca. 3 MByte/min erhöhen. Damit ist der Nutzer kaum noch in der Lage, den manuellen Diskettenwechsel schnell genug zu vollziehen (für den Fall, daß von der Festplatte Backups hergestellt werden sollen). Anbieter des Programms ist DANSK DATA SUPPORT.
*aus KOMPUTER (1988) 9, S. 32-34*

*Mi*

### in Fokuso 2/88:

*Gábor Witályos:*
**Bilder aus der Welt der Fraktale**
(Computerkunst mittels Abbildung hochgradiger math. Funktionen, Vergrößerungen, Farbeffekte, 10 Abbildungen s/w, 1 in Farbe)
*Dr. Peter Broczkó:*
**Produktion von Mikrocomputern im Jahre 1987 in den sozialistischen Ländern**
(Hardware-Vergleiche, Tabelle der Eigenschaften, Vergleich des Angebots an Standardprogrammen)
*Mark Fettes:*
**Das Mikrocomputer-Projekt Verteilte Sprachübersetzung – enorme Chance der Esperantolinguistik**
(Stand der Erprobung des Projektes, einzige Konkurrenz: Japan)
*Internationele Zeitschrift über Aktuelles in Wissenschaft und Technik, in Esperanto, beziehbar über: M. Behr, Koburger Str. 83, Markkleeberg, 7113 – Preis: 4 Hefte je 80 Seiten, pro Jahrgang 24,– M* B.

# Entwicklungen und Tendenzen

## MS-DOS-Version 4.01

Von Microsoft gibt es jetzt die zu IBMs PC-DOS 4.01 vollständig kompatible Version MS-DOS 4.01. Vorzüge dieser Version sind eine Bedienoberfläche mit der Möglichkeit, über grafische Eingabe Festplattendateien anzulegen, Applikationen zu starten und die Basis-DOS-Funktionen über Pull-down-Menüs und Dialogfenster auszuwählen. Die Unterstützung der Expanded Memory Specification (EMS) wurde verbessert. Ebenso sollen Probleme mit der Kompatibilität zu verschiedenen speicherresidenten Programmen ausgeräumt worden sein.

*MP*

## Leistungsstarker Universalrechner für kommerzielle Anwendungen

Die europäische Bull-Gruppe und die amerikanische Honeywell Bull Inc. kündigten mit dem System BULL DPS 9000 das neue „Flaggschiff" in ihrem gemeinsamen Großrechnerangebot an. Der Computer bietet mehr als die dreifache Leistung gegenüber dem bisherigen Topsystem DPS 90. Mit über 1000 Transaktionen pro Sekunde, 1000 MByte Hauptspeicherkapazität, 1000 KByte System-Pufferspeicher (Cache) und 1000 Ein-/Ausgabekanälen soll der DPS 9000 der derzeit leistungsfähigste kommerzielle Universalrechner auf dem Weltmarkt sein. (Die Leistungsmessung basiert auf dem TP 1/ET 1-Benchmark aus dem Bankanwendungsbereich.) Der neue Großrechner wird in vier Ausbaustufen angeboten. Die Modelle DPS 9000/91, / 92T, 93T und 94T („T" steht für voll redundante Hardwareausstattung) unterscheiden sich dabei im wesentlichen durch die Anzahl integrierter Zentralprozessoren.
Die Systemarchitektur des DPS 9000 umfaßt 1 bis 4 Zentralprozessoren (CPU), 1 bis 2 Systemsteuereinheiten (SCU), 1 bis 2 Hauptspeichereinheiten (MMU), 1 bis 4 Ein-/Ausgabeprozessoren (IOP), 1 bis 4 Vektorprozessoren (IVP) sowie integrierte Diagnoseprozessoren und Präventiveinrichtungen für höchste Systemsicherheit und -verfügbarkeit.
Die besonderen leistungsrelevanten Architekturmerkmale und Hardwarefunktionen sind eine doppelte simultan arbeitende Befehls- und Daten-Pipeline mit 5- bzw. 7stufiger Parallelverarbeitung zur Beschleunigung der Befehlsausführung, ein zweistufiges Hochgeschwindigkeits-Cache-Speicherkonzept, bestehend aus zwei 64-KByte-Zentralprozessor-Caches mit einem 512 KByte großen Cache in jeder Systemsteuereinheit zur Minimierung der Hauptspeicherzugriffe und somit zur Beschleunigung der zentralen Verarbeitungsprozesse, eine Hauptspeicherkapazität von max. 1024 MByte (1 Gigabyte) sowie ein virtueller Adreßraum von bis zu 4000 Gigabyte (4 Terabyte).

*MP*

## Neues Open Access

Das integrierte Programm Open Access II wird es in einer kyrillischen Version geben. Das beabsichtigen die kalifornische Software Products International Inc. (SPI) und die sowjetische Akademie der Wissenschaften in Moskau. Für diese Aufgabe sei ein Joint-Venture geplant, einschließlich eines gemeinsamen Büros in Moskau. Mit dem Joint-Venture soll, so SPI, der Bedarf in der Sowjetunion an Standardsoftware gedeckt werden.
Open Access integriert bekanntlich Module für Kalkulation, Datenbank, Textverarbeitung, Grafik und Kommunikation.
Von der Münchner SPI GmbH wurde jetzt auch die Version 2.1 mit zusätzlichen Funktionen vorgestellt. Neu sind eine Rechtschreibhilfe und ein Trennprogramm für verschiedene Fremdsprachen sowie die Möglichkeit, verschiedene Applikationen einzubinden. Es lassen sich jetzt Grafikdateien erzeugen und extern weiterverarbeiten. Ebenso kann in der neuen Version direkt auf das Betriebssystem und auf EXE-Dateien zugegriffen werden.

*MP*

## A0-Format-Laserplotter vorgestellt

Versatec, Hersteller elektrostatischer Farb- und Monochrom-Rasterplotter, bietet, nach eigenen Angaben, als erster Hersteller mit dem 8836 jetzt einen A0-Format-Laserplotter an. Merkmale sind hohe Plotgeschwindigkeit, Verwendung von nicht beschichtetem Papier, Ausgabe in Rollenform sowie Betrieb auch unter nicht optimalen Umgebungsbedingungen. Hauptsächlich werden CAD-Anwender in Mechanik, E-Technik, Architektur und Kartographie angesprochen, die auf einen Monatsdurchsatz von 2000 bis 3000 Plots im A0-Format kommen.
Bei einer Auflösung von 400 Punkten/Zoll beträgt die Plotgeschwindigkeit konstant 1 Zoll/s (2,54 cm/s). Zeichnungen im A0-Format werden in weniger als 70 s ausgegeben; das platzsparende Querformat (A1) dauert weniger als 1 min.
Ausgerichtet auf CAD-Anwender kann der VERSATEC 8836-Laserplotter mit den Standardschnittstellen RS232-C, Centronics oder Versatec Parallel Interface ausgestattet werden. Diese Schnittstellen ermöglichen es, Datenformate wie CalComp 906/907, CalComp 960 oder VERSATEC-Standard-Raster-Daten zu empfangen und auszuplotten. Optional sind direkter IBM-Kanal-Anschluß oder auch Ethernet-Anschluß möglich.

*MP*

## Wordstar 5.0

Von Micropro gibt es jetzt die deutsche Version von Wordstar Professionell 5.0. Dieses erste laserdruckerfähige Wordstar verfügt über Layout-Funktionen und über Pull-down-Menüs, die dem Anwender alternativ zu den bisherigen Tastenkombinationen zur Verfügung stehen.
Im Modus *Advanced Page Preview* lassen sich die Layouts von maximal 144 Druckseiten überprüfen und die gewählten Schriften, Schriftattribute und Fontwechsel darstellen. Editiermöglichkeiten gibt es in diesem Bereich jedoch nicht. Korrekturen können nur im Textverarbeitungsmodus durchgeführt werden. Proportionalschrift wird aktiv unterstützt, so daß auch bei Fontwechseln oder Änderung der Druckattribute sogenannter feiner Blocksatz erhalten bleibt. Eine Seite kann in maximal acht Spalten umbrochen werden.
Wordstar 5.0 soll vor allem der täglichen Textverarbeitung dienen und im Bereich Textgestaltung dem Anwender neue Möglichkeiten zur Überprüfung des Layouts vor dem Druck eröffnen.

*MP*

## MC 68040 angekündigt

Motorola hat für April 1989 die Vorstellung des neuen 32-Bit-Prozessors 68040 angekündigt. Er tritt die Nachfolge der 32-Bit-Prozessoren 68020 (1985) und 68030 (1987) an. Mit rund 1,2 Mio Transistoren, 15 MIPS (Millionen Instruktionen pro Sekunde) und 4 MFLOPS (Millionen Gleitkommaoperationen pro Sekunde) ist er mit dem von Intel angekündigten 80486 vergleichbar (siehe MP 12/88, Seite 384). Der erste 32-Bit-Prozessor von Intel ist der 80386 (1986), der mit 5 MIPS in der Rechnerleistung zwischen dem 68020 (3...4 MIPS) und dem 68030 (7 MIPS) liegt.

*MP*

## Neue Chip-Fertigungsstraße bei IBM

Für die Chip-Massenproduktion nahm IBM Ende 1988 eine neue Fertigungsstraße in Betrieb, die Silizium-Wafer mit über 200 Millimeter Durchmesser (8 Zoll) verarbeiten kann.
Bis vor kurzem arbeitete IBM ausschließlich mit 5-Zoll-Wafern, aus denen bis zu 150 integrierte Schaltkreise gefertigt werden konnten. Mit seiner neuen Fertigungsstraße kann das Unternehmen in der gleichen Zeit bis zu 450 Chips herstellen. Die Linie arbeitet weitgehend automatisiert und dient unter anderem zur Produktion der 1-MBit-Chips von IBM.

*ADN*

## RISC wird schneller

Tektronix und das Rensselaer Polytechnic Institute arbeiten zur Zeit an einem Computer mit RISC-Architektur, der mit 250 MIPS etwa die zehnfache Verarbeitungsgeschwindigkeit heutiger RISC-Systeme erreichen soll. Basis sind nicht Galliumarsenid-, sondern Silizium-ECL-ICs, die jedoch nach einem neuen Fertigungsverfahren hergestellt werden.

*MP*

## Neue Chips von TI

Wissenschaftler von Texas Instruments berichteten auf einer Fachkonferenz der Elektronikbranche in San Francisco über die Entwicklung eines neuen integrierten Schaltkreises. Dieser Schaltkreis besteht aus *Quantum Tunneling Transistors* und soll die Basis für eine neue Generation von dünneren, schneller arbeitenden und kostengünstigeren Chips werden. Die *Quantum Tunneling Transistors* seien hundertmal dünner und tausendmal schneller als konventionelle Halbleiterbauelemente. Eine kommerzielle Fertigung der neuen Schaltkreisgeneration wird frühestens Mitte der 90er Jahre möglich sein.

*MP*

## 3500 PCs nach China

AST verkauft den chinesischen Ministerien für Wirtschaft und Kommunikation 3500 PCs für insgesamt 10 Millionen Dollar. Die Geräte, Premium/ 286 und 386, sollen mit Grafikkarten für die Darstellung chinesischer Schriftzeichen ausgerüstet werden. Dieser Vertrag ist einer der größten, die im Mikrocomputerbereich mit der Volkrepublik China abgeschlossen wurden.

*MP*

## Projekt eines ultrakompakten Computers

Den Prototyp eines ultrakompakten Hochleistungscomputers soll die Firma Hughes Aircraft Co. fertiggestellt haben. Bei einem Volumen von $7{,}5 \times 7{,}5 \times 1{,}25\,cm^3$ soll der Rechner eine Arbeitsgeschwindigkeit von 10 Milliarden Operationen pro Sekunde erreichen. Langfristig soll das Entwicklungsziel in einem Rechner mit einer Geschwindigkeit von 100 Milliarden Operationen pro Sekunde bei einem Leistungsbedarf von weniger als 100 Milliwatt bestehen.
Die Kompaktheit des Rechners werde durch eine dreidimensionale Packungstechnik erreicht. Die Wafer werden übereinandergelegt und dann vertikal leitende Verbindungen hergestellt. Beim Prototyp wurden 32 × 32 Prozessorzellen je Wafer untergebracht und fünf dieser Arraywafer aufeinander gelegt. Die vertikalen Verbindungen sind das eigentliche Problem des Projektes.
Der Computer soll in Bordanlagen zum Einsatz kommen und Bildsignalverarbeitung in Echtzeit realisieren.

*Quelle: Neue Zürcher Zeitung vom 19. 10. 1988* *Wi*

## Flüssigkristallanzeige

Die bisher größte Flüssigkristallanzeige für Workstations und Personalcomputer wurde gemeinsam von den Firmen Toshiba und IBM entwickelt. Durch 1,58 Millionen Bildpunkte beim Schwarzweißbild (1440 × 1100) werden Bilder hoher Qualität und Auflösung erzielt. Beim Farbbild wird eine Auflösung von 700 × 550 Punkten erreicht. Mit 4 Punkten (rot, grün, blau und weiß) lassen sich 16 verschiedene Farben darstellen.

*Fa*

## Klein und kraftvoll

In Japan wurde ein neuer Werkstoff auf der Grundlage von Neodym, Eisen und Bor entwickelt, der eine etwa 30 % höhere magnetische Leistungsfähigkeit aufweisen soll als die seit Mitte der siebziger Jahre verfügbaren Samarium-Kobalt-Legierungen. Die als Koerdym bezeichneten Magnete nehmen besonders in Japan einen schnell wachsenden Marktanteil ein. Von großem Vorteil ist dabei, daß die erforderlichen Rohstoffe besser verfügbar sind als Samarium und Kobalt.

Koerdym besteht zu 30 bis 34 % aus Neodym, zu 1,1 bis 1,3 % aus Bor, und der Rest ist Eisen. Die Legierung wird durch einen schmelzmetallurgischen Prozeß oder durch Koreduktion hergestellt. Danach wird das Material fein gemahlen, unter Einwirkung eines Magnetfeldes verpreßt, gesintert, wärmebehandelt und falls erforderlich mechanisch bearbeitet.

Der Nachteil des Koerdym besteht darin, daß zwar die Werte für Remanenz und Koerzitivfeldstärke außerordentlich hoch liegen, sie aber stärker temperaturabhängig sind als die der SmCo-Legierungen. Durch geeignete Werkstoffauswahl und Magnetkreisauslegung kann jedoch auch bei Arbeitstemperaturen von über 150 °C eine ausreichende Stabilität erreicht werden.

NdFeB-Magnete werden in Servomotoren für die Automatisierungstechnik und den Maschinenbau, die unter starkem Miniaturisierungsdruck stehenden Motoren für die Büro- und Datentechnik oder für Videogeräte und Kameras sowie Linearantriebe oder Drehmomentgeber angewendet. Immer häufiger erfolgen Anwendungen in magnetosensitiven Schaltern und Sensorsystemen oder in der Audiotechnik, beispielsweise in Kopfhörern oder Lautsprechern. Koerdym-Magnetteilchen bewirken zum Beispiel in Thermoplasten, daß dauermagnetische Bauteile in der üblichen Spritzgußtechnik hergestellt werden können.

Darüber hinaus sind die Koerdym-Magnete mit Werten bis zu 80 kJ/m$^3$ von besonderer Bedeutung, weil sie die Lücke zwischen dem magnetischen Niveau der gesinterten Hartferrite und dem der gesinterten Seltenerdmetall-Dauermagnete schließen könnten.

*Quelle: Elektronik. – München 37 (1988) 23. – S. 24, 26* *Wi*

## Ursachen für Chipausfälle

Nach Ansicht eines Forschungsteams der Cornell-Universität New York sind die unterschiedlichen Wärmeausdehnungskoeffizienten von Leitbahnen und Silizium die Ursache für die Ausfälle von fabrikneuen Chips. Untersuchungen sollen ergeben haben, daß eine Abhängigkeit zwischen Leitbahnbreite und Ausfallhäufigkeit besteht. Die zehnfache Verminderung der Leitbahnbreite soll zu einer 1000fachen Erhöhung der Ausfälle führen. Die Werkstoffexperten erklären die Ausfälle aus den mechanischen Spannungen, die während des Herstellungsprozesses entstehen.

Das im Verhältnis zu den Leitbahnen massive Silizium hindert die Aluminiumleitbahnen daran, beim Abkühlen die Spannungen vollständig abzubauen. Diese Spannungen bewirken, daß im Laufe der Zeit in den Metallbahnen kleinste Hohlräume entstehen. Durch den Abbau der inneren Spannungen schälen sich komplette, zusammenhängende Atomlagen ab, die sich dann in der Nähe wieder ablagern. Mit der Zeit entstehen so immer größere Hohlräume. Die Veränderungen sind nur abhängig von der Temperatur. Bei höheren Temperaturen kann sich der Prozeß innerhalb einiger hundert Stunden, bei Raumtemperatur innerhalb von ein bis zwei Jahren vollziehen – und das sogar bei unbenutzten Chips. Die gewonnenen Erkenntnisse über diese Vorgänge gestatten, Maßnahmen zur Veränderung zu untersuchen.

So gehen die Bemühungen in Richtung Einsatz bisher nicht benutzter Werkstoffe sowie auf die Realisierung flexibler Bindungen zwischen Leitbahnen und Siliziumsubstrat. Die weiter voranschreitende Miniaturisierung macht die Lösung dieses Problems erforderlich, wenn die Zuverlässigkeit der Chips weiter erhöht werden soll.

*Quelle: Elektronik. – München 37 (1988) 22. – S. 30* *Wi.*

## Nach SMD kommt IMD

Um den Platzbedarf von Bauelementen auf Leiterplatten noch weiter zu verringern, entwickelte die Firma Beyschlag eine neue Art von Widerständen, die als *Micro-MELFs* bezeichnet werden. Grundlage waren die zylindrischen SMD-Widerstände mit Metallkappen (MELFs), mit denen es durch eine Neukonstruktion möglich wurde, diese senkrecht auf der Leiterplatte anzuordnen und in die Durchkontaktierungen zu stecken. Diese Technik wird als *IMD*-Technik (Insert Mounted Device) bezeichnet. Nachdem diese Technik bis zur Serienreife entwickelt wurde, geht es nun darum, sie in der Massenbestückung anzuwenden. Insbesondere wird noch nach einer Methode für die Fixierung vor dem Lötvorgang gesucht.

Die als kleinste passive Bauelemente bezeichneten Micro-MELFs können im eingelöteten Zustand, abhängig von der Bestückungsdichte der Platine und ihrer Gesamtbelastung, einer Belastbarkeit von bis zu 0,17 W ausgesetzt werden. Die Oberflächentemperatur darf bis 125 °C betragen. Mit 1 % Toleranz werden die Widerstände mit Werten von 22 Ω bis 220 kΩ angeboten, mit 2 % von 1 Ω bis 2,2 MΩ. Aufgrund ihrer Metallschichtausführung soll eine sehr gute Langzeitstabilität gegeben sein. Die Ausfallquote dieser Widerstände wird von Beyschlag mit weniger als $2 \times 10^{-9}$ pro Stunde angegeben.

*Quelle: Elektronik. – München 37 (1988) 22. – S. 78* *Fa*

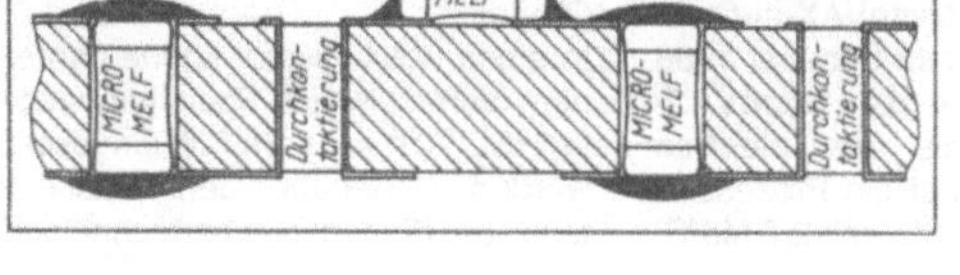


## Verfahren zur Gewinnung von Galliumarsenid

Die Vorteile von Galliumarsenid als Basismaterial für mikroelektronische Bauelemente sind seit längerer Zeit hinreichend bewiesen. Aufgrund des aufwendigen und umweltbelastenden Herstellungsprozesses konnte das Material bisher nicht das Silizium verdrängen.

Technologische Verfahren, die ohne den Hochtemperaturprozeß auskommen, bei dem arsenhaltige Gase entstehen, sind Forschungsgegenstand verschiedener Institutionen. Der Cornell-Universität New York soll es gelungen sein, eine Verbindung herzustellen, die Gallium und Arsen in dem erforderlichen Mischungsverhältnis enthält und aus der in gelöstem Zustand bei Raumtemperatur Galliumarsenid-Moleküle entstehen.

Das als Arsinogallan bezeichnete Material wird mit Butanol einer chemischen Reaktion ausgesetzt, bei der eine Chlorverbindung als Katalysator wirkt und bei der Galliumarsenid als rötliches Pulver anfällt. Die Chemiker sind der Auffassung, daß aus dem Arsinogallan die Fremdmaterialien ausgelöst werden und Galliumarsenid in Form von Einzelmolekülen entsteht, die sich später infolge ihrer Instabilität zu größeren Teilchen verbinden.

Mit einem ähnlichen Verfahren sollen Forscher in Ithaca Indiumphosphid gewonnen haben, das ebenfalls als Werkstoff in der Elektronik interessant ist.

Wann die Ergebnisse industriell genutzt werden können, ist noch nicht abzuschätzen.

*Quelle: Elektronik. – München 37 (1988) 22. – S. 10* *Wi*

## Röntgenlithographie zur Chipherstellung

Im Rahmen eines Langzeitforschungsprojektes zur Entwicklung und Auswertung neuer Lithographieverfahren arbeiten IBM-Wissenschaftler daran, Chips mit Hilfe der Röntgenstrahl-Lithographie herzustellen. Die Röntgenstrahl-Lithographie könnte in Zukunft die Massenproduktion von Speicherchips mit einer Kapazität von mehr als 64 MBit erlauben.

Mit Hilfe der Röntgenstrahl-Lithographie können sehr viel engere Schaltkreismuster gestaltet werden als mit der Ultraviolett- und der Lichtlithographie. Röntgenstrahlen haben eine wesentlich kleinere Wellenlänge. Da die Wellenlänge die Auflösung bestimmt, lassen sich um so feinere Strukturen abbilden, je kleiner sie ist. Die Röntgenstrahl-Lithographie könnte außerdem die Fehlerquote in der Produktion erheblich herabsetzen, da Staubpartikel, die bei Licht normalerweise zu Mängeln führen, von Röntgenstrahlen durchdrungen werden.

Den IBM-Wissenschaftlern soll es gelungen sein, einen ganzen Speicherchip mit Strukturbreiten von 0,5 μm herzustellen. Zu den wesentlichen Bestandteilen des neuen Verfahrens gehören:

– ein gerasterter Spiegel zur Verteilung der Röntgenstrahlen über die zu belichtende Fläche
– ein Berylliumfenster, um das Vakuum des Elektronen-Speicherrings von der Belichtungskammer zu trennen
– vier Röntgenmasken
– ein Stepper, um jede Maske und den Wafer zu halten und zurückzuführen
– ein Masken-/Wafer-Ausrichtungssystem.

Während des Belichtungsvorgangs werden Röntgenstrahlen vom Speicherring auf den Spiegel geleitet. Dieser bewirkt eine gleichmäßige Beleuchtung der Maske. Das etwa 20 μm dicke Berylliumfenster trennt die heliumgekühlte Belichtungskammer vom Vakuum und filtert die Röntgenstrahlen aus dem Strahlenspektrum des Speicherrings heraus. Der Wafer wird etwa 40 μm von der Maske entfernt in Position gebracht, und ein Roboter bringt Maske und Wafer in Schritten von 0,02 μm in die richtige Stellung. Die Belichtung erzeugt im Fotolack des Wafers Muster von weniger als 0,5 μm Breite. Die nicht benötigten Röntgenstrahlen werden von der mit Gold belegten Maske zurückgehalten. Um auf dem Wafer fünf je ein Quadratzoll große Felder zu belichten, muß dieses Verfahren fünfmal wiederholt werden. Nach weiteren Prozeßschritten wird mit den anderen drei Masken in gleicher Weise verfahren. Als Ergebnis entsteht ein funktionsfähiger Speicherchip.

*Quelle: Elektronik. – München 37 (1988) 20. – S. 16* *Fa*

## 100 ns schnelle 1-MBit-EPROMs

Die von der Wafer Scale Integration entwickelten 1-MBit-EPROMs sind in Keramik-DIP oder -LCC-Gehäusen untergebracht und erreichen durchschnittliche Zugriffszeiten von 100, 120 und 150 ns. Die Firma arbeitet gegenwärtig daran, eine verbesserte Version mit 55 ns zu entwickeln, die bereits in diesem Jahr in kleinen Stückzahlen produziert werden soll. Außerdem werden von der Firma 512- und 256-KBit-EPROMs produziert, die Zugriffszeiten von 90 ns aufweisen.

*Quelle: Elektronik. – München 37 (1988) 22. – S. 7* *Fa*

## Speicherchip mit Supraleiter

Einen 1-KBit-Chip mit einer Zugriffszeit von 570 Picosekunden soll die japanische Firma NEC entwickelt haben.

Durch die Verwendung von supraleitendem Material wurde eine zehnmal höhere Geschwindigkeit gegenüber herkömmlichen Chips erreicht. Damit wäre erstmals der Übergang von einem supraleitenden Einzelkontakt zu einem hochintegrierten Bauelement gelungen. *Wi.*

# DECWORLD '88

Die bisher größte Computerausstellung der Firma Digital Equipment Corporation (DEC), die DECWORLD '88, fand vom 12.–23. September 1988 im Festival- und Kongreßpalast in Cannes/Frankreich statt. Für die Mitglieder der Anwenderorganisation DECUS, die ihr 24. Europäisches Symposium unmittelbar vor der Ausstellung abhielt, war die Ausstellung bereits am 8. und 9. September geöffnet. Insgesamt zählte die DECWORLD '88 ca. 17000 Gäste aus mehr als 60 Ländern. Im Tiefgeschoß des Festival- und Kongreßpalastes wurde auf über 10000 m$^2$ beeindruckend das auf vielen Gebieten führende Know-How der Firma in Hard- und Software demonstriert. Die Ausstellung stand unter dem Motto „Integrating the Enterprise" und hatte das Ziel, komplexe integrierte Lösungen zur Automatisierung aller Bereiche eines modernen Produktionsbetriebes zu zeigen. Dementsprechend war die Ausstellung in verschiedene Fachbereiche eingeteilt, wie

- Manufacturing (CAM)
- Production Environment (CIM)
- Solution Development Environment (rechnergestützte Softwareentwicklung)
- End-User Computing and Office Integration (Arbeitsplatzrechner und Büroautomatisierung)
- Enterprise Networking (verteilte Netzwerke für große Firmen)
- System and Network Management (Rechnersystem- und Netzwerkverwaltung)
- Enterprise Services (Computeranwendungen bei Firmendienstleistungen)
- Financial Services (Automatisierung des Finanz- und Bankwesens)
- Service Industries (Automatisierung in der Dienstleistungsindustrie)
- Telecommunication Industries (Computeranwendungen in der Nachrichtenübermittlung).

Damit trat der Computer auf der Ausstellung gegenüber der Demonstration von kompletten Anwendungslösungen in den Hintergrund. Trotzdem wurde das gesamte Know-How in der Computertechnologie, vor allem im Zentralteil der Ausstellung, dem Technologiezentrum, aber auch in zahlreiche Anwendungslösungen integriert gezeigt. Als rechentechnische Basis wurden etwa 50 Mini- und Superminirechner und über 250 Workstations mit einer Gesamtrechenleistung von über 1400 MIPS (Millionen Befehle pro Sekunde) installiert.
Die Vernetzung aller Computer und Workstations erfolgt über zwei Ethernetsysteme, die durch einen Router miteinander gekoppelt waren. Über den Nachrichtensatelliten TELECOM1 wurde eine Verbindung nach Reading, dem Hauptsitz der englischen Tochtergesellschaft, und von dort über den Nachrichtensatelliten IBS nach Boston und zu den amerikanischen Technologiezentren der Firma hergestellt.
Aus der Vielzahl der auf der DECWORLD '88 gezeigten Produkte und Anwendungslösungen seien hier im Bericht nur einige wenige Entwicklungen aus dem Bereich der Computertechnologie herausgegriffen.
Zur Verwaltung und Überwachung eines großen Rechnernetzes wurde im Mittelpunkt des Technologiezentrums auf der Ausstellung eine **Netzwerküberwachungszentrale** gezeigt, deren Hauptaufgaben die Leistungsüberwachung und -planung von großen Netzwerken, Überwachung der Netzwerksicherheit, Fehlerdiagnostik in großen Netzwerken, Online-Diagnostik von angeschlossenen Rechnern und die Überwachung des Netzwerkverkehrs sind.
Die Netzwerküberwachungszentrale ist mit einem speziellen Serviceprozessor auf der Basis einer Micro VAX II implementiert. (Bild 8; alle Bilder siehe 4. Umschlagseite).
Auf der Basis eines PBX-Terminal-Servers wurde die **Verkopplung eines PBX-Netzes** (ISDN-Netzes) mit einem Ethernetsystem vorgeführt. Zur Kopplung des PBX-Terminal-Servers mit der PBX-Zentrale wird das S2-Interface nach ECMA mit 2,048 MBit/s eingesetzt, das 30 parallele Datenübertragungen gestattet. Der Anschluß des ISDN-Telefons an die PBX-Zentrale erfolgt mit dem S1-Interface, das einen 64-KBit/s-Kanal für die digitale Telefonie und einen 64-KBit/s-Kanal für eine Datenübertragung (Terminalanschluß) zur Verfügung stellt. (Bild 1) Es kamen ISDN-Produkte verschiedener Hersteller zum Einsatz.
Zur Integration von PCs in die VAX-Umgebung wurde die Personal Computing Architecture (PCSA) mit einer **MicroVAX-2000 als VAX/VMS-Server** mit der MS-DOS-Server-Software vorgestellt. An einem Server können 10–15 PCs mit dem Betriebssystem MS-DOS über ein Thin-Wire-Ethernet-Kabel (10 MBit/s, max. 150 m Gesamtlänge) angeschlossen werden.
Demonstriert wurde ein gemischtes PC-Netz mit IBM PS/2 Mod. 30 unter PC-DOS und COMPAQ sowie VAXmate (Intel 80286) mit MS-DOS. Auf den PC-DOS bzw. MS-DOS-Rechnern läuft die Client-Software DECnet-PCSA. Für den IBM PS/2 Mod. 30 wurde der Thin-Wire-Ethernet-Adapter DEPCA angeboten. Neben der Terminalemulation und Filetransferdiensten wurden integrierte Anwendungen mit gemeinsam genutzten Datenbasen vorgeführt.
Im Technologiezentrum war eine Hochleistungsrechenstation mit mehreren VAX-Rechnern der Typenreihe **VAX-88xx** und den neuesten Anlagen im mittleren Leistungsbereich VAX-62xx installiert. Die VAX-8810...8840 verfügen über 1 bis 4 Prozessoren zu je 6 MIPS. Die neue Betriebssystemversion VAX/VMS V5.0 unterstützt das symmetrische Multiprocessing, das die nahezu volle Ausschöpfung der nominalen Prozessorleistung gestattet. Damit verfügt die VAX-8840 über 24 MIPS.
Die Typenreihe VAX-6210...6240, auf der Basis des MicroVAX-III-Chipsatzes, wurde erst im Sommer 1988 angekündigt. Wie die MicroVAX-3xxx-Produkte, die die gleichen Chips benutzen, hat ein Prozessorelement eine Leistung von 2,7 MIPS. Die **VAX-6240** (Bild 2) hat mit 4 Prozessorkarten im symmetrischen Multiprocessing eine Leistung von ca. 11 MIPS. Vorteile der VAX-62xx sind der interne Hochleistungsbus mit 100 MByte/s, der max. Speicherausbau bis 256 MByte auf Basis der 1-MBit-Chips und max. 6 E/A-Kanäle auf der Basis des VAXBI-Busses. Damit beträgt die maximale E/A-Transferrate über 60 MByte/s. Der VAXBI-Bus gestattet den Anschluß von Ethernet-LAN, VAX-Clustern, lokalen Plattenspeichersubsystemen und beliebiger sonstiger Peripherie. Die VAX-62xx-Modelle mit den verbesserten Leistungsparametern werden zum Standardsystem im mittleren Leistungsbereich, wobei der E/A-Durchsatz wesentlich höher als bei den VAX-88xx-Modellen ist, die ihren Vorteil in der erheblich höheren Prozessorleistung haben.
Im unteren Leistungsbereich befinden sich die MicroVAX-Produkte **MicroVAX-2000** und **VAXstation 2000** (Bild 3), die keinen für den Anwender zugänglichen Standardbus haben. Bei einer Leistung von nahezu 1 MIPS (Mikroprozessor 78032) repräsentieren sie auch das untere Preisniveau.
Die Q-Bus-kompatiblen MicroVAX-II-Produkte auf der Basis des gleichen Mikroprozessors sind nun durch **MicroVAX-3xxx-Produkte** (Bild 4 und 5) ersetzt worden, die den wesentlich leistungsfähigeren Mikroprozessor 78034 mit 2,7 MIPS nutzen. Durch Beibehaltung des internen Q-Busses sind diese Systeme für den Anwender relativ gut frei konfigurierbar.
Die DEC-Workstation-Produkte (VAXstation 2000 bzw. VAXstation 3xxx) basieren auf entsprechenden MicroVAX-Produkten, die anstelle des Standardterminals einen Videoadapter mit Videomonitor VR260 (schwarzweiß) oder VR290 (color) verwenden. Die Videomonitore haben bei 19"-Bildschirmdiagonale eine Auflösung von 1024 × 864 Pixel. Zusätzlich können eine Maus und/oder ein Digitalisiertablett zum Einsatz kommen. Weiterhin ist ein Ethernet-Adapter für den LAN-Anschluß obligatorischer Bestandteil.
Im Technologiezentrum kamen auch die neuen Plattenspeicher RA 70 und RA 90 zum Einsatz. Das **RA 70-Winchesterlaufwerk** auf der Basis der 5¼"-Technologie mit 280 MByte und 27 ms Zugriffszeit findet vorwiegend in MicroVAX- und VAXstation-Produkten Verwendung. Das **RA 90-Winchesterlaufwerk** mit einer Kapazität von 1,2 GByte und 25 ms Zugriffszeit in der 9"-Technologie ist zweifellos eine Spitzenleistung. Bemerkenswert ist vor allem, daß damit auch DEC die 14"-Technologie (RA 81 – 464 MByte, RA 82 – 622 MByte) endgültig verlassen hat. Das RA 90 dient vorrangig als externer Massenspeicher bei den größeren VAX-Systemen. Mit 8 Laufwerken konfiguriert, hat das **Speichersubsystem SA 600** eine Kapazität von 10 GByte.
In einem VAX-Cluster können an einem hierarchischen Speichercontroller HSC 70 max. 6 SA 600 eingesetzt werden. Gegenüber den Fortschritten in der Plattenspeichertechnologie ist die Backup-Technologie bei DEC deutlich zurückgeblieben. Nach wie vor hat hier das 1/2"-Industriestand-Magnetband mit einer Aufzeichnungsdichte von 1600 bzw. 6250 bpi seinen festen Platz. Für die MicroVAX-Produkte mit RA 70-Laufwerken ist aber das neue Kassettenmagnetbandgerät TK 70 mit 296 MByte eine akzeptable Lösung.
Auf der DECWORLD '88 wurde auch erstmals ein **optischer Plattenspeicher RV 20** (Bild 6) nach der WORM-Technologie (Write Once – Read Multiple) mit 2 GByte von DEC vorgestellt. Die 12"-Platte wird doppelseitig beschrieben und ist auswechselbar (Kassettenplatte). Die Lebensdauer der Aufzeichnungen wird mit mindestens 30 Jahren angegeben. Die Kapazität einer Platte entspricht etwa 55–60 Magnetbandspulen (6250 bpi). Das RV 20 ist in erster Linie als Archivspeicher geeignet. Als Backup-Medium sind die Datenträgerkosten zu hoch, jedoch sind gegenüber Magnetbandgeräten die Betriebskosten wesentlich niedriger. Gegenüber den magnetischen Winchesterplattenspeichern ist das RV 20 etwa 10mal langsamer.
Für lokale Netzwerke wurde der **Printserver 40** (Bild 7) als monochromatisches Druckersubsystem vorgestellt. Der Printserver wird über ein Ethernet-Interface direkt an das LAN angeschlossen. Die Druckleistung beträgt etwa 40 A4-Kopien pro Minute, was ungefähr 1,6 Millionen Kopien pro Monat entspricht. Die Papierformate sind von A5 bis A3 wählbar. Die Auflösung beträgt etwa 12 × 12 Bildpunkte je mm$^2$. Auf der Grundlage von POSTSCRIPT können über den eingebauten Rastergrafikprozessor Text, Grafik und natürliche Bilder gemischt werden. Resident sind 29 Schriftarten (Fonts) vorhanden, weitere Fonts können bei Bedarf geladen werden. Auf dem Software-Sektor war der fortschreitende UNIX-Einsatz auf Workstations ein zentrales Thema. Grundlage der weiteren Entwicklung sind die POSIX-Standards und die OSF-Produkte (Open Software Foundation). Das Betriebssystem ULTRIX-32, Version 3.0, ist das erste UNIX, das zu folgenden Standards bzw. Industriestandards kompatibel ist:

IEEE POSIX P1003.1 (am 22.8.88 bestätigt)
OSF Base Level 0 Spezifikation
Xwindow System Version 11 (Release 2)
System-V-Interfacedefinition, SVID Release II
X/OPEN Portability Guide.

OSF ist eine neue mit Kapital von DEC, IBM, Apollo Domain u.a. gegründete Firma, die durch OSF-Produkte die Kompatibilität von Softwareprodukten unter den UNIX-Betriebssystemen der Firmen IBM, DEC, Bull, Siemens, Nixdorf usw. sichern will.
Dazu werden von OSF die entsprechenden Produkte über Lizenzen aufgekauft und OSF-gerecht weiterentwickelt. Damit stellt OSF eine Ergänzung zu den POSIX-Standards dar und sichert auch die Kompatibilität zu BSD-UNIX-Systemen.

*Prof. Dr. Thomas Horn*

**SET DELIMITER TO DEFAULT** Definieren einer Zeichenkette, die als Begrenzer für Eingabebereiche benutzt wird (Standard ":").
**SET DELIMITER ON|OFF** ON schaltet die Benutzung der durch SET DELIMITER TO definierten Zeichenkette ein.
**SET DEVICE TO SCREEN|PRINTER** Die Ausgaben der @-Kommandos werden auf dem Bildschirm oder dem Drucker ausgegeben.
**SET ECHO ON|OFF** Das Echo der Kommandozeilen erscheint auf dem Bildschirm (ON).
**SET ESCAPE ON|OFF** Das Drücken der <ESC>-Taste unterbricht (ON) die Abarbeitung eines Kommandofiles.
**SET EXACT ON|OFF** Zeichenketten unterschiedlicher Länge liefern beim Vergleich immer FALSE (ON).
**SET FILTER TO** [<bedingung>]
Die Bedingung dient als Auswahlbedingung für alle Kommandos.
**SET FIXED ON|OFF** Alle Dezimalzahlen werden mit einer festen Anzahl an Dezimalstellen angezeigt (ON).
**SET FUNCTION** <taste> **TO** <zeichenkette> Definition von Funktionstasten.
**SET FORMAT TO** [<filename>]
Ein Formatfile (.fmt) für die Eingabe im Direktmodus wird aktiviert und bestimmt bei allen nachfolgenden Eingaben im Direktmodus die Bildschirmmaske.
**SET HEADING ON|OFF** Feldbezeichner werden als Überschriften ausgegeben.
**SET HELP ON|OFF** Unterstützung bei Fehlern durch Ausschriften (ON).
**SET INDEX TO** [<fileliste>] Eröffnen der aufgeführten Indexfiles.
**SET INTENSITY ON|OFF** Die Eingabebereiche bei der Eingabe im Direktmodus werden invers dargestellt (ON).
**SET MARGIN TO** <n> Definition des linken Randes auf dem Drucker.
**SET MENUS ON|OFF** Hilfsmenüs werden bei Operationen im Direktmodus angezeigt (ON).
**SET PATH TO** [<pfad>] Definition eines Suchpfades.
**SET PRINT ON|OFF** Ausgabe auf den Drucker (außer @-Ausgaben).
**SET PROCEDURE TO** [<proz_file>] Eröffnen eines Prozedurfiles.
**SET RELATION TO** [<schlüssel>] **INTO** <alias>
Verbinden von zwei Datenbankfiles über einen Schlüssel.
**SET SAFETY ON|OFF** Das Überschreiben eines vorhandenen Files führt zu einer Anfrage an den Nutzer (ON).
**SET STEP ON|OFF** Schrittweise Abarbeitung eines Programms (ON).
**SET TALK ON|OFF** Das Ergebnis der Ausführung von Kommandos wird auf dem Bildschirm ausgegeben (ON).
**SET UNIQUE ON|OFF** Das erste (ON) oder alle Datensätze mit gleichem Schlüssel werden beim Indizieren in die Indexfiles aufgenommen.
**SKIP** [<n>] Der Dateizeiger wird um n Datensätze vorwärts (n > O) oder rückwärts (n < O) bewegt (Standard n = 1).
**SORT TO** <neues_files> **ON** <feld$_1$> [/A] [/D]
[,<feld$_2$>] [/A] [/D] ... ] [<gb>] [FOR <bedingung>]
Das aktive Datenbankfile wird nach den angegebenen Feldern und der angegebenen Reihenfolge sortiert.
**STORE** <ausdr> **TO** <speichervar_liste>
<speichervar> = <ausdr>
Speichern des Wertes des Ausdrucks in alle angegebenen Speichervariablen.
**SUM** [<gb>] <ausdr_liste> **[TO** <speichervar_liste>]
**[FOR|WHILE** <bedingung>] Berechnen der Summen der in der Ausdrucksliste angegebenen Werte für alle ausgewählten Datensätze.

**TEXT** <text>
**ENDTEXT** Ausgabe des Textes aus einem Kommandofile ohne Makroersetzung.
**TOTAL TO** <filename> **ON** <schlüssel> [<gb>]
**[[FIELDS]** <feldliste>] **[FOR|WHILE** <bedingung>]
Komprimieren eines Datenbankfiles, wobei alle Sätze mit gleichem Schlüssel zu einem Satz zusammengefaßt werden. Die in der Feldliste aufgeführten numerischen Felder werden addiert.
**TYPE** <filename> **[TO PRINT]** Gibt ein Textfile auf dem Bildschirm aus.

**UPDATE [RANDOM] ON** <schlüssel> **FROM** <alias>
**REPLACE** <feld$_1$> **WITH** <ausdr$_1$> [,<feld$_2$> **WITH** <ausdr$_2$> ... ]
Korrektur eines Datenbankfiles, wobei die Korrekturdaten von einem anderen File eingelesen werden.
**USE** [<filename>] **[INDEX** <fileliste>] **[ALIAS** <alias>]
Das Datenbankfile <filename> wird mit den in der <fileliste> aufgeführten Indexdateien in Benutzung genommen.

**WAIT** [<prompt>] **[TO** <speichervar>]
Die Abarbeitung des Programms wird unterbrochen, bis eine Taste gedrückt wird. Deren Zeichenkode wird der Speichervariablen zugewiesen.

**ZAP** Löschen aller Datensätze des aktiven Datenbankfiles.

## Funktionen und ihre Typen

<c_ausdr> Ausdruck vom Typ String (character)
<d_ausdr> Ausdruck vom Typ Datum
<n_ausdr> Ausdruck vom Typ numerisch

| Funktion und Aufruf | Ergebnistyp | Bemerkung |
|---|---|---|
| **&**<speichervar> | String | Makroersetzung |
| **ASC**(<c_ausdr>) | numerisch | num. Wert eines Zeichens |
| **AT**(<c_ausdr1> ,<c_ausdr_2>) | numerisch | Position von <c_ausdr$_1$> in <c_ausdr$_2$> |
| **BOF**( ) | logisch | Fileanfang |
| **CDOW**(<d_ausdr>) | String | Wochentag |
| **CHR**(<n_ausdr>) | String | Zeichen mit dem Wert <n_ausdr> |
| **CMONTH**(<d_ausdr>) | String | Name des Monats |
| **COL**( ) | numerisch | akt. Spalte auf dem Bildschirm |
| **CTOD**(<c_ausdr>) | Datum | Konvertierung String in Datum |
| **DATE**( ) | Datum | aktuelles Datum |
| **DAY**(<d_ausdr>) | numerisch | Tag des Monats |
| **DELETED**( ) | logisch | Abfrage der Löschmarkierung |
| **DOW**(<d_ausdr>) | numerisch | Nummer des Wochentags |
| **DTOC**(<d_ausdr>) | String | Konvertierung Datum in String |
| **EXP**(<n_ausdr>) | numerisch | Exponentialfunktion |
| **FILE**(<c_ausdr>) | logisch | Existenz eines Files |
| **INKEY**( ) | numerisch | Kode einer Taste |
| **INT**(<n_ausdr>) | numerisch | ganzzahliger Teil |
| **LEN**(<c_ausdr>) | numerisch | Länge eines Strings |
| **LOG**(<c_ausdr>) | numerisch | Logarithmus |
| **LOWER**(<c_ausdr>) | String | Konvertierung in kleine Buchstaben |
| **MONTH**(<d_ausdr>) | numerisch | Nummer des Monats |
| **PCOL**( ) | numerisch | Spaltenposition des Druckkopfes |
| **PROW**( ) | numerisch | Zeilenposition des Druckkopfes |
| **RECNO**( ) | numerisch | Nummer des aktuellen Satzes |
| **ROUND**(<c_ausdr> ,<dez>) | numerisch | Runden |
| **ROW**( ) | numerisch | akt. Zeile auf dem Bildschirm |
| **SPACE**(<n_ausdr>) | String | <n_ausdr> Leerzeichen |
| **SQRT**(<n_ausdr>) | numerisch | Quadratwurzel |
| **STR**(<n_ausdr> ,<länge>,[<dez>]) | String | Konvertierung eines Wertes in einen String |
| **SUBSTR**(<c_ausdr$_1$> ,<start> [,<länge>]) | String | Substring |
| **TIME**( ) | String | Systemzeit |
| **TRIM**(<c_ausdr>) | String | Wegschneiden von Leerzeichen am Ende |
| **TYPE**(<c_ausdr>) | String | Typ eines Bezeichners |
| **UPPER**(<c_ausdr>) | String | Konvertierung in große Buchstaben |
| **VAL**(<c_ausdr>) | numerisch | Konvertierung String in numerischen Wert |
| **YEAR**(<d_ausdr>) | numerisch | Jahreszahl |

## Kursorsteuerung im Direktmodus

| Taste | Ersatz | Wirkung |
|---|---|---|
| ↑ | ^E | Eine Zeile oder ein Feld nach oben oder in BROWSE zum vorherigen Satz |
| ↓ | ^X | Eine Zeile oder ein Feld nach unten oder in BROWSE zum nächsten Satz |
| ← | ^S | Ein Zeichen nach links. Ist durch ^Home ein zusätzliches Menü eingeschaltet, so Auswahl |
| → | ^D | Ein Zeichen nach rechts. Ist durch ^Home ein zusätzliches Menü eingeschaltet, so Auswahl |
| ^← | ^Z | In REPORT: verschiebt den Bildschirmausschnitt nach links. in MODIFY COMMAND: zum linken Rand |
| ^→ | ^B | In REPORT: verschiebt den Bildschirmausschnitt nach rechts. In MODIFY COMMAND: zum Zeilenende |
| <-- | | Löscht das Zeichen links vom Kursor |
| Del | ^G | Löscht das Zeichen über dem Kursor |
| End | ^F | Ein Wort nach rechts. In BROWSE: ein Feld nach rechts |
| ^End | ^W | Abspeichern aller Änderungen und Verlassen des Direktmodus. Bem.: Verlassen wir in EDIT den Gültigkeitsbereich, so ist die Wirkung wie bei ^End |
| Esc | ^Q | Verlassen des Direktmodus. Die Änderungen werden verworfen und der Zustand vor der Korrektur wird wiederhergestellt. In APPEND und BROWSE: Nur die Änderungen im letzten Satz werden verworfen. Die anderen sind gültig |
| Home | ^A | Ein Wort nach links. In BROWSE: Ein Feld nach links |
| ^Home | ^] | In BROWSE, LABEL, REPORT: Schaltet ein zusätzliches Menü ein und aus<br>In EDIT, CHANGE, APPEND, wenn der Kursor in einem MEMO-Feld steht: Aufruf des Editors für die Bearbeitung von Memo-Texten. Rückkehr mit ^End |
| Ins | ^V | Schaltet den Einfügemodus ein und aus |
| PgUp | ^R | In BROWSE: Blättern rückwärts |
| PgDn | ^C | In BROWSE: Blättern vorwärts |
| Enter | ^M | Zum nächsten Feld. In APPEND als erstes Zeichen im ersten Feld: Beenden von APPEND. In Edit im letzten Feld des letzten Satzes: wie ^End. In MODIFY COMMAND, wenn der Einfügemodus eingeschaltet ist: Zeile einfügen. In Menüs: Auswahl einer Option |
| | ^N | In MODIFY STRUCTURE: Einfügen eines Feldes. In MODIFY COMMAND: Einfügen einer Zeile |
| | ^T | Löscht das Wort rechts vom Kursor |
| | ^U | Schaltet die Löschmarkierung für einen Satz ein und aus. In MODIFY REPORT, MODIFY STRUCTURE: Löscht die Felddefinition |
| | ^Y | Löscht den Inhalt des Feldes. In MODIFY COMMAND: Löscht eine Zeile |
| | ^KR | In MODIFY COMMAND: Fügt ein File an der Kursorposition ein |
| | ^KW | In MODIFY COMMAND: Schreibt den gesamten Text in ein File |

Außerdem wirken einige Steuerzeichen auch auf der Kommandoebene von dBASE:

| Taste | Ersatz | Wirkung |
|---|---|---|
| ← | ^H | Löscht das Zeichen links vom Kursor |
| Enter | ^M | Beendet eine Kommandozeile |
| | ^P | Schaltet den Drucker logisch ein und aus (hard copy) |
| | ^S | Stoppt die Bildschirmausgabe. Diese kann durch Drükken einer beliebigen Taste fortgesetzt werden |
| | ^X | Löscht die Kommandozeile |

*zusammengestellt von Dr. Wilfried Grafik*

ISSN 0232-2892
Mikroprozessortechnik, Berlin 3 (1989) 3
S. 65–96

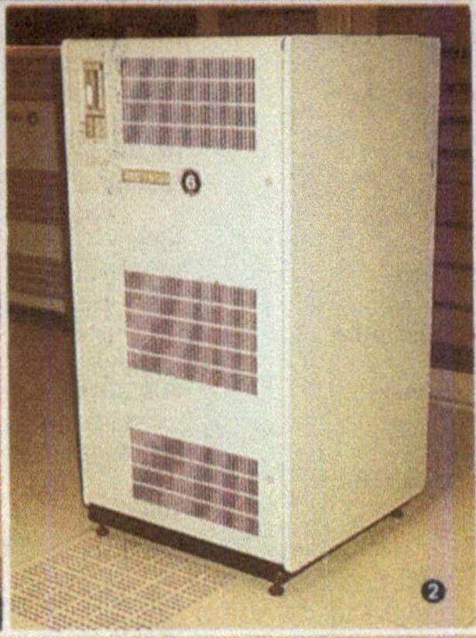

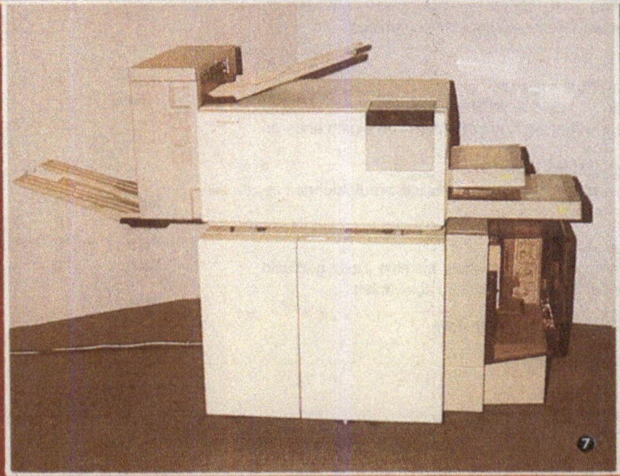

# Bilder von der DECWORLD '88

❶ Terminal VT 340 am ISDN-Telefon
*OPUS-4000 (64 kBit/s) der Fa. Thomson CSF*

❷ VAX 6240
*4 Prozessoren mit Mikroprozessor 78034, FPU 78134, 11 MIPS, max. 256 MByte, max. 60 MByte/s E/A-Transferrate, Ethernet, Computerinterconnect*

❸ VAXstation 2000
*Mikroprozessor 78032, 4 oder 6 MByte, 19"-Bildschirm (1024 × 864 Pixel), 71- oder 159-MByte-Festplatte, 95-MByte-Kassettenmagnetband, Thin-Wire-Ethernet*

❹ VAXstation 3200
*Mikroprozessor 78034, FPU 78134, 8 MByte, 19"-Bildschirm (1024 × 864 Pixel), 159-MByte-Festplatte, 296-MByte-Kassettenmagnetband, Ethernet*

❺ VAXstation 3500
*Mikroprozessor 78034, FPU 78134, 16 MByte, 19"-Bildschirm (1024 × 864 Pixel), 280-MByte-Festplatte, Ethernet*

❻ Optischer Plattenspeicher RV 20
*WORM (Write-once Read multiple), Wechselplatte 2 GByte*

❼ Printserver 40
*11,8 Pixel/mm, 40 Seiten/min, 29 Schriften, serdrucker mit Trockentoner, Ethernet*

❽ Serviceprozessor
*auf Basis von MicroVAX-II mit Remote Serv Console zur Überwachung großer Netzwerk*

*Lesen Sie dazu den Bericht in diesem Heft*

Bei Fragen zur Produktsicherheit wenden Sie sich bitte an:
If you have any questions regarding product safety,
please contact:

Walter de Gruyter GmbH
Genthiner Straße 13
10785 Berlin
productsafety@degruyterbrill.com